CONCOURS

POUR

LE PRIX LAIR.

QUELLE A ÉTÉ L'INFLUENCE EXERCÉE PAR LA CULTURE
DU COLZA SUR LA PRODUCTION AGRICOLE DU
CALVADOS, ET EN PARTICULIER DE
LA PLAINE DE CAEN ?

Mémoire ayant obtenu une médaille d'or (2ᵉ prix) au Concours
de la Société d'Agriculture de Caen.

PAR M. DEBLED,

*ancien médecin, maire d'Ouistreham, lauréat (médaille d'or) de la Société de
Médecine, Concours de 1855 ; membre de plusieurs Sociétés savantes.*

CAEN. 1859.

CAEN

IMPRIMERIE DE E. POISSON,
Rue Froide, 18.

1859

CONCOURS

POUR

LE PRIX LAIR.

—————

QUELLE A ÉTÉ L'INFLUENCE EXERCÉE PAR LA CULTURE
DU COLZA SUR LA PRODUCTION AGRICOLE DU
CALVADOS, ET EN PARTICULIER DE
LA PLAINE DE CAEN ?

Res, res, et non verba.

Des faits, des faits, et non des paroles.

Les plantes ont besoin, pour parcourir les différentes phases de leur existence, de s'assimiler certaines substances qu'elles puisent, et dans le sol où plongent leurs racines, et dans l'atmosphère où respirent leurs feuilles.

Toutes les plantes ne demandent pas à la terre les mêmes principes, toutes n'exigent pas du sol les mêmes conditions de richesse, de puissance végétative.

Enfin, toutes n'aspirent pas après les mêmes conditions de climat, d'exposition, etc.

Or, pour répondre à cette question :

Quelles ont été jusqu'à ce jour, et quelles peuvent être dans l'avenir, sur la production agricole du Calvados, et particulièrement dans la plaine de Caen, les conséquences de la grande extension donnée à la culture du Colza ?

il nous a semblé que la marche à suivre était de donner d'abord une idée générale et sommaire des terres, ainsi que de la manière d'être des saisons dans la région où s'exerce cette étude, puis, traçant un état aussi complet que possible de l'agriculture *avant* et *après* l'introduction de la plante du Colza dans le département, de faire ressortir de la comparaison de ces deux tableaux la solution de la question proposée.

Ce travail sera donc divisé en trois parties.

Dans la première, nous esquisserons la géologie agricole, ainsi que la marche ordinaire des saisons.

Dans la deuxième, nous tracerons le tableau de l'agriculture avant et après la culture du Colza.

Et dans la troisième, enfin, nous nous efforcerons de faire ressortir de la comparaison de ces deux tableaux la solution de la question proposée.

PREMIÈRE PARTIE.

CHAPITRE PREMIER.

Géologie agricole.

Il y a trois choses que celui qui étudie une question d'agriculture pratique ne doit pas ignorer : ce sont la connaissance :

1° Des couches profondes du sol, ou couches géologiques ;

2° Celle des couches interposées entre celles-ci et le sol végétal, c'est-à-dire du sous-sol ;

3° Enfin, celle du sol arable lui-même.

1° COUCHES GÉOLOGIQUES.

Du Bocage. — Du Pays-d'Auge. — De la plaine de Caen. — Le département du Calvados est situé, dans les deux tiers de son étendue, sur le vaste bassin secondaire qui, de Paris, traverse le département du sud au nord, passe la Manche, et se poursuit jusqu'en Angleterre ; dans son autre tiers, c'est-à-dire daus cette partie qui porte le nom de Bocage, sur des terrains de transition et même primitifs (arrondissement de Vire). Seulement dans la région Est, comprenant tout le Pays-d'Auge, comme il s'est fait d'immenses dépôts d'argile et de terrains crétacés, qui, à de grandes profondeurs, recouvrent l'oolithe, cette partie du département prend une certaine ressemblance avec la région du Bocage, et toutes deux tranchent vivement sur la plaine de Caen, où le calcaire se montre presque partout immédiatement au-dessous de la terre végétale.

2° Sous-sol.

Dieu, dans sa bonté providentielle, a enveloppé d'une immense couche d'argile les roches qui forment le squelette de la terre, partout où cette argile manque et où la terre végétale repose à nu sur la roche primitive de transition, ou secondaire ; cette terre pèche par défaut de profondeur, par excès de perméabilité, et reçoit l'épithète de *terre légère*, *terre brûlante*, etc.

D'un autre côté, lorsque là couche intermédiaire entre la roche et le sol arable est formée par une argile plastique imperméable, elle arrête les eaux de pluie et les force à séjourner dans la terre, jusqu'à ce qu'elles se soient évaporées ou écoulées selon la pente naturelle du sol : de là encore l'épithète de *terre lourde, terre mouillante*, etc.

Enfiu, il est encore une autre espèce de sous-sol formé également par un banc d'argile, mais d'argile *perméalle*, c'est-à-dire se laissant pénétrer lentement par les eaux de pluie.

Sous-sol du Pays-d'Auge. — Le sous-sol de la région de l'Est, c'est-à-dire de cette partie du département limitée au nord, à l'Est et au Sud par la Manche, les départements de l'Eure et de l'Orne, et à l'Ouest par une ligne qui, partant de Sallenelles, passerait par le Mesnil-Mauger, Moult, Argences, Mézidon, Saint-Pierre-sur-Dives et Norrey, limites orientales de la plaine de Caen, est formé en entier par une couche d'argile glaiseuse *imperméable.*

Sous-sol de la plaine de Caen. — Celui de la région du Centre, connu sous le nom de plaine de Caen, est formé, ou par les couches les plus superficielles du calcaire, ou par un dépôt d'argile *perméable* (fauvé).

Sous-sol du Bocage. — Enfin le sous-sol de la région de l'Ouest (Bocage et arrondissement de Vire) est formé, ou par la roche dans les parties élevées, ou par des couches d'argile imperméable dans les parties basses.

3° Terre arable.

Du Bocage, du Bessin, du haut et bas Pays d'Auge. — Quelque profondes que soient les modifications imprimées au sol arable primitif, et par l'action incessante de l'air atmosphérique, et par l'innombrable quantité de cadavres d'insectes qu'y ont précipités les pluies, et par les débris de végétaux qui vivent et meurent à sa surface, et par les engrais mêmes qu'y a déposés l'homme depuis les premiers temps de l'agriculture, toujours ce sol participera des défauts ou des qualités de composition de son sous-sol.

Ainsi la terre végétale qui recouvre les terrains de transition du Bocage, le lias du Bessin, les argiles du haut et bas Pays-d'Auge, offre une couleur jaune fauve se rapprochant beaucoup de celle de son sous-sol ; de plus, elle est légère, poreuse, très-friable, et lorsqu'on la presse entre les doigts, elle se résout en une poudre extrêmement fine, douce au toucher et très avide d'eau ; elle forme, avec cette eau, une pâte onctueuse, homogène et tenace ; de là vient la qualification de terre lourde, de terre forte, que lui donnent les cultivateurs.

Déposée sur la langue, elle y happe légèrement et est complétement insipide ; mise dans un creuset et chauffée au rouge blanc, elle se durcit, se prend par masses, mais ne subit aucune altération, si ce n'est qu'elle revêt une couleur rouge brique ; enfin, sous l'influence des fortes gelées, elle blanchit, et tombe en poussière au dégel.

100 grammes de cette terre pris dans une pièce entre Bréville et Gonneville nous ont offert :

Gravier	0ᵉ 80	
Sable fin siliceux. . . .	52	»
Silicate d'alumine . . .	36	40
Carbonate de chaux. . .	5	»
Humus	4	20
Perte.	1	60
Total. . . .	100	»

Terre noire à silex. — Il est encore, dans les régions que nous étudions, et principalement sur les plateaux du haut et bas Pays-d'Auge, aux environs de Moutiers, d'Evrecy, sur les marnes du lias de l'arrondissement de Bayeux, de vastes bandes de terre noirâtre remplies de fragments de silex. Cette terre, qui est compacte et très-pesante, laisse, lorsqu'on l'écrase entre les doigts, une multitude de petits corps durs, débris mal pulvérisés des roches anciennes. Elle se laisse assez facilement traverser par l'eau, et forme avec elle une pâte beaucoup moins malléable que la précédente.

100 grammes de cette terre pris sur le plateau d'Amfréville nous ont donné :

Gravier fin.	10ᵉ 50	
Sable fin siliceux . .	51	50
Silicate d'alumine . .	20	80
Carbonate de chaux .	10	»
Humus	4	60
Perte	2	60
Total. . . .	100	»

Terres de la plaine de Caen. — Enfin vient le sol arable qui recouvre la plaine de Caen ; et, comme cette région est le point capital de notre étude, qu'il nous soit permis d'insister un peu plus longuement sur les caractères physiques de ses terres ; ce sont là d'ailleurs des notions bien élémentaires et que, cependant, nous avons été surpris de ne point trouver, même chez la plupart de nos meilleurs cultivateurs.

La campagne ou plaine de Caen, que nous avons vue assise

vers le milieu de cette large bande calcaire qui traverse le département, s'étend au Nord jusqu'à la mer, à l'Ouest et à l'Est jusqu'aux bassins de la Seule et de la Dives, et au Sud jusqu'aux limites des cantons de Bourguébus et d'Evrecy. C'est un carré irrégulier de 25 kilomètres environ d'étendue.

Ses chemins vicinaux et d'exploitation. — Cette plaine est arrosée par une foule de petits cours d'eau, affluent de la Seulle et de l'Orne ; elle est encore sillonnée par de belles et nombreuses routes qui, partant de Caen, se dirigent en éventail dans toutes les directions.

Mais au point de vue de notre étude, ce ne sont pas seulement les routes impériales, départementales, ou même de grande communication qui rendent le plus de services à l'agriculture ; il est une foule d'autres petits chemins, chemins de moyenne communication, vicinaux, d'exploitation, qui traversent en tous sens le territoire, et permettent l'accès aux champs. Or, constatons-le dès à présent, car c'est un fait qui a eu la plus grande influence sur les progrès de l'agriculture dans la plaine, nos chemins vicinaux et d'exploitation se sont depuis trente ans considérablement améliorés, ou plutôt ont été créés. En effet, là où autrefois il n'existait qu'un profond sentier fangeux, encaissé entre deux fortes haies qui interceptaient les rayons du soleil et entretenaient des boues perpétuelles ; là où autrefois le piéton n'osait s'aventurer, et où les chevaux et la charrette pouvaient seuls péniblement cheminer, se présentent aujourd'hui de belles et solides routes, à chaque instant sillonnées par les voitures suspendues des promeneurs et même des fermiers ; car de nos jours la plupart des cultivateurs ont remplacé, pour aller en foire, à la ville, le bidet ou l'antique et rude charrette, par l'élégant et commode tilbury.

Règle générale, plus l'agriculture s'est avancée dans un pays, plus les voies de communication se sont perfectionnées, et nous pouvons dire que sous ce rapport notre plaine n'a rien à envier aux autres contrées de la France. Grâces en soient rendues, d'abord à l'administration préfectorale, qui pousse sans cesse les communes vers le progrès, en leur accordant des subventions en rapport avec l'étendue de leurs ressources et les efforts des municipalités !

Grâces en soient rendues aussi aux Conseils des communes, qui ont compris que si la confection et l'entretien des routes imposent tout d'abord de lourdes charges, ces sacrifices sont bien vite compensés, et par l'énorme économie de transport que réalise l'agriculteur dans l'exploitation de ses terres, et par la facilité qu'il a de pouvoir, en tous temps et en toutes saisons, transporter de la ferme au champ et du champ à la ferme ses engrais, ses amendements, ses récoltes de toute nature.

Maintenant, si par l'examen des vallées, des différents cours d'eau, des terriers où l'on puise le rougeât ou mortier de terre, des carrières, des tranchées pratiquées dans le sol pour le nivellement des routes, et enfin des falaises qui bordent le rivage de la mer, nous pénétrons dans l'intérieur du sol pour en étudier les différentes couches, nous verrons invariablement au-dessus des assises du calcaire :

Ou un sous-sol d'argile *perméable*, surmonté lui-même de la couche de terre vegétale ;

Ou cette terre végétale reposant immédiatement sur le calcaire, ou bien encore sur une argile glaiseuse *imperméable*.

D'après cette disposition, nous diviserons donc les terres de la plaine en 3 classes : la 1re comprendra les terres pour ainsi dire types, celles qui à une grande profondeur unissent un excellent sous-sol; la 2e sera composée des terres légères, caillouteuses, et à qui manque le sous-sol de la 1re classe; enfin dans la 3e nous rangerons les terres fortes qui se trouvent superposées à un sous-sol d'argile plastique.

Mais avant d'entrer dans l'étude de chacune de ces variétés de terre, disons quelques mots du sous-sol particulier aux terres de la 1re classe.

Sous-sol de la plaine. — Le sous-sol des terres de la plaine est formé par une alluvion de couleur jaune-clair qui lui a fait donner le nom de *fauvé ;* cette alluvion, composée d'une argile particulière, et qui ne se rencontre que sur les couches calcaires, varie, quant à son épaisseur, de 20 centimètres à 4 mètres. Elle est douce au toucher, sèche, friable, et ne renferme aucuns débris de roche; enfin, et c'est au point de vue agricole l'observation la plus importante, elle se laisse pénétrer par l'eau, et ne la retient que le temps nécessaire pour conserver à la couche végétale une certaine humidité.

Terre de la 1re classe. — La terre de la 1re classe se trouve répandue sur la plus grande partie de la plaine de Caen, c'est elle notamment qui, avec une épaisseur variant de 50 centimètres à 1 mètre, forme la belle campagne du littoral entre l'Orne, la Seule, Caen et la mer.

Propriétés physiques. — Cette terre, lorsqu'elle est sèche, revèt une couleur jaune pâle, rouge pâle ou rouge brun, selon la profondeur à laquelle on l'examine, car sa couche la plus superficielle, celle que tourne et retourne sans cesse le soc de la charrue, qui se trouve en contact continuel avec les différents agents de l'atmosphère, et surtout avec l'humus des engrais, car sa couche arable enfin présente une nuance rouge moins prononcée que la couche végétale située plus profondément.

Lorsque sa surface a été battue par les pluies, cette terre offre encore cette particularité, qu'elle se couvre d'une légère couche blanchâtre due sans doute à la présence des éléments silico-calcaires qu'elle renferme; de là vient le nom de *terre blanche* qu'on lui donne dans certaines contrées.

La terre de la 1re classe est d'une pesanteur moyenne, douce, onctueuse au toucher; elle se réduit entre les doigts en une poudre impalpable; elle est facile à labourer en tous temps, car elle ne contient pas assez d'argile pour ne pas admettre les eaux de pluie, et elle en renferme cependant une dose suffisante pour que l'eau qui la traverse filtre lentement et dépose entre ses molécules les principes fertilisants qu'elle contient, soit comme eau de pluie, soit comme dissolvant des engrais répandus à la surface du sol.

Analyse.—100 grammes de cette terre, pris entre Lion et Luc, nous ont donné à l'analyse :

Gravier.	4ᵉ	»
Silice.	17	50
Alumine.	40	50
Carbonate de chaux.	30	»
Humus.	6	50
Perte.	1	50
	100	»

Quand on examine une coupe de ces terres, on voit qu'une multitude de radicelles, provenant principalement du sainfoin, les sillonnent et les pénètrent de toutes parts, et cela jusqu'à leur partie inférieure, eussent-elles un mètre de profondeur; mais qu'arrivées à la couche du fauvé, elles s'arrêtent aussitôt. On voit de plus que, tandis que la couche du sous-sol est dense, tassée, la couche de terre rouge au contraire est comme criblée de petits trous pratiqués par les vers ; enfin, on remarque encore les espèces de chemins couverts que la taupe, cet habile mineur, se creuse presque instantanément en allant à la recherche de sa nourriture, c'est-à-dire de ces mêmes vers ; car qu'ils vivent sous terre, sur terre, ou dans les airs, tous les êtres créés doivent concourir à l'accomplissement des grandes lois d'harmonie que Dieu a imposées à ce monde. Plus les terres sont nourries d'engrais, plus la quantité de vers qui s'y développent est considérable, et leur accroissement continuel aurait fini par détruire les récoltes, si la taupe ne remplisait à leur égard le rôle destructeur que l'oiseau accomplit envers l'insecte, sur terre et dans les airs.

Terres de la 2ᵉ classe. — Les terres que nous avons rangées dans la seconde classe sont les terres où manque le sous-sol argileux de la première, c'est-à-dire les terres légères, caillouteuses.

Elles occupent en étendue dans la plaine la seconde place que leur assigne aussi leur composition et leur fertilité; ainsi, tandis ue dans les cantons situés au sud de Caen elles forment la plus grande partie des terres, au nord au contraire on ne les voit plus apparaître que sur le penchant des vallées des différents cours d'eau.

Propriétés physiques. — Elles sont d'une couleur rougeâtre beaucoup plus prononcée que celle des terres à sol profond, et elles empruntent cette coloration aux débris pulvérisés du calcaire ferrugineux sur lequel elles reposent.

Dans les terres de la première classe on peut distinguer deux couches : la première, qui varie de 15 à 25 centimètres, est celle que soulève la charrue, c'est le sol arable ; la seconde, qui n'a pas de profondeur fixe, mais qui est d'autant plus épaisse que le sol est plus riche, est la terre végétale ; ici, au contraire, il n'y a pas, ou peu de terre végétale, il n'y a qu'un sol arable, et encore souvent de peu d'épaisseur, qui repose immédiatement sur les couches les plus superficielles du calcaire ; aussi lorsqu'il tombe de l'eau, cette eau est elle bien vite absorbée ; et l'orsqu'il fait sec, les racines des plantes sont-elles bientôt desséchées à la surface des pierres ; de là aussi le nom qu'on leur a donné de *terres brûlantes*.

Analyse. — Un échantillon de terre caillouteuse prise à Ranville, dans les pièces qui entourent l'église, nous a donné pour 100 grammes :

Gravier.	3ᵉ	20
Silice.	36	50
Alumine.	31	50
Carbonate de chaux.	22	»
Humus.	5	50
Perte.	1	30
	100	»

Terres de la 3ᵉ classe. — Enfin la troisième classe des terres de la plaine comprend celles qui sont assises sur les dépôts d'argile ou glaise plastiques qui forment dans la contrée quelques-unes des élévations qu'on y remarque.

Ces terres, qui font pour ainsi dire taches sur nos belles plaines, sont heureusement fort peu étendues, et se trouvent en général couvertes de bois ou de vignots (*ulex europeus*). Car lourdes, mouillantés, difficiles à labourer, elles sont bien plus convenables, en effet, pour être plantées en bois que livrées à la culture.

Leur couleur varie du jaune pâle au jaune d'ocre, et comme celles du Pays-d'Auge qu'elles rappellent, elles sont souvent couronnées d'une alluvion de galets roulés ainsi que d'une couche d'argile brune à silex (grès de transition grauwache [1]).

La couche arable de ces terres est peu épaisse et se confond pour ainsi dire avec le sous-sol argileux. Quant à sa composition, elle est exactement la même que celle des terres de la Vallée-d'Auge.

CHAPITRE II.

Marche ordinaire des saisons, et principaux phénomènes atmosphériques.

Longitude et latitude. — Exposition. — Le département du Calvados est situé sous la zône tempérée, vers le 49e degré 24' de latitude, et entre le 2e et le 3e degré de longitude à l'ouest du méridien de Paris; il a ses terres inclinées au nord, ses rivières principales et leurs vallées se dirigent également

---

[1] Dans toutes les communes où existent ces alluvions, ou remarque d'énormes morceaux de grès qu'on a conservés, et qui servent de bornes : ainsi en est-il à Colleville, à l'Ebisey, à Blainville, à Hérouville et à Ouistreham. A Benouville, sur le bord de la route de Caen, on voit encore à moitié enfoui un bloc de ces grès qui mesure 1 mètre 50 de hauteur sur 3 mètres de circonférence.

On reste confondu devant la puissance des courants qui ont pu enlever de telles masses, et les transporter, des terrains de transition, sur les plaines calcaires. La présence de ces fragments de roche dans nos localités prouve encore que les terrains seconda'res sont sur un plan inférieur aux terrains de transition, et que leur transport a dû se faire au fond des eaux, avant que ces eaux, en se retirant, aient eu creusé les vallées.

vers le nord ; or, de cette disposition, il résulte naturellement que les vents de la partie du nord frapperont en plein sur cette région, tandis que ceux du sud, arrêtés par les terres, qui vont en s'élevant au midi, ne s'y feront que faiblement sentir.

Température. — Un autre phénomène ressort encore de cette exposition, c'est que la belle saison y commence de bonne heure et y finit de même ; ainsi, il est assez ordinaire de voir les mois d'avril, mai et juin, les plus beaux et les plus chauds de toute l'année, tandis que la fin d'août et le commencement de septembre offrent déjà des matinées et des soirées très-fraîches, et surtout des vents de nord-ouest, des vents de la mer, disent les marins, qui, par leur violence, abaissent singulièrement la température et sont déjà comme les prémices de l'hiver.

La température du Calvados, et en particulier de la plaine de Caen, est donc en général plus basse, toutes choses égales d'ailleurs, que celle des autres localités. Voici, du reste, selon chaque saison, les principales variations atmosphériques.

Printemps. — Pour celui qui comprend et qui aime les magnificences de la nature (et comment ne pas les aimer quand on est sans cesse en contact avec elles), il est dans nos climats un moment plein de charmes, c'est celui où la terre, longtemps assoupie sous son manteau de neige, se réveille peu à peu aux tièdes rayons du soleil printanier ; certes, le printemps est, pour la plaine de Caen, la plus belle et la plus agréable des saisons, seulement on y tombe sans transition et, pour ainsi dire, de plain-saut, car, dans ce pays, les phénomènes atmosphériques les plus remarquables sont certainement les brusques variations de température. Ainsi, nous arrivons quelquefois jusqu'au milieu de mars et même au commencement d'avril, avec des pluies, des coups de vent, et une température glaciale ; puis, tout à coup, après avoir soufflé durant toutes ces tempêtes de la partie du sud-ouest et de l'Ouest, le vent saute en plein Nord ; les nuages qui montaient menaçants de la région du Sud, sont d'abord arrêtés dans leur marche, puis rejetés l'un sur l'autre à l'horizon; la lutte dure un instant, le ciel s'éclaircit de toutes parts, et les rayons d'un soleil déjà chaud arrivent enfin sans obstacle à la terre, comme le baiser d'un père au front de son enfant. Sous cette chaleur vivifiante, l'excès d'humidité que renferme le sol se dégage à l'état de vapeurs et se balance mollement en nuages bleuâtres au-dessus des terres, lorsque, soir et matin, l'atmosphère refroidie opère leur condensation ; la terre s'échauffe et se dilate, les germes brisent leurs enveloppes, toute une création d'insectes bruissent dans l'herbe naissante ou bourdonnent dans les airs, les oiseaux entonnent leurs hymnes les plus mélodieux, et l'homme des champs, au milieu de cette renaissance, de ce concert universels, sent en lui la vie circuler avec plus d'énergie, comme pour l'avertir que ses travaux vont redoubler, et que le moment est proche où la terre, par une abondante moisson, va le récompenser de ses labeurs.

Il est vrai que le printemps, dans nos climats, ne parcourt pas toujours ses différentes phases sans quelques retours de blanches gelées; mais ces réminiscences de l'hiver, en ralentissant l'ascension de la séve, sont loin d'être défavorables à la récolte future.

Il n'en est pas de même des forts vents de nord-ouest qui, nous arrivant chargés des émanations salines de l'Océan, brûlent et détruisent non-seulement les fleurs et les feuilles, mais encore l'extrémité des rameaux des arbres.

Été. — En été, quand il fait beau, une légère brise du nord souffle régulièrement ; le matin, elle est peu sensible, mais à mesure que le soleil monte, elle grandit et se précipite pour ainsi dire après lui, afin de combler la raréfaction que sa chaleur produit dans l'atmosphère ; en sorte que vers onze heures ou midi, elle contraste assez vivement avec la chaleur du jour [1].

---

[1] Si cet état de l'atmosphère arrive au moment de la floraison des blés et se prolonge, la fécondation se fait mal, soit parce qu'une forte chaleur à laquelle les végétaux de nos climats ne sont point habitués dessèche et brûle le pollen, soit parce qu'un peu d'humidité est nécessaire à l'imprégnation, et les blés *coulent, échaudent*.

Tant que cette brise nous apporte les fraîches senteurs de l'Océan, le ciel est pur, le soleil brille, les biens de la terre mûrissent régulièrement, les blés semblent se dresser sur leurs tiges pour mieux la respirer, et l'homme lui-même se sent plus fort, plus dispos, il boit moins et mange davantage. *Sanum corpus condensat : mobilius atque expetius reddit* (Celse, liv. II, pag. 43).

Cet état de l'atmosphère dure plus ou moins avec de légères variantes ; ainsi, il n'est pas rare après quelques jours de beau temps de voir, soit le matin, soit dans le milieu du jour, une épaisse brume s'élever tout à coup de la mer, et couvrir en un instant l'horizon ; cette brume très-froide et très-pénétrante saisit vivement l'homme en sueur qui, presque nu, travaille dans les champs, ou le promeneur qui s'est aventuré légèrement vêtu. Généralement, au reste, cette brume se dissipe au bout de quelques heures, et le ciel reprend sa première sérénité.

Mais il n'en est pas de même si le vent, au lieu de garder le nord, passe à l'est, puis au sud ; la chaleur, qui précédemment était tempérée par la brise du nord, devient très-fatigante, le soleil lance des rayons brûlants ; la brise, devenue tiède, insensible, ne rafraîchit plus l'atmosphère, de légers nuages commencent à voyager de l'est à l'ouest, et dans la nuit ou le lendemain, le ciel, entièrement couvert, verse une pluie fine, continue et chaude. Sous l'influence de cette chaleur et de cette pluie chargée d'électricité, de sel marin (Is. Piorre), et même, aux environs des villes, de sels ammoniacaux (Barral), les sucs nourriciers des plantes sont vigoureusement aspirés et portés dans tous leurs rameaux, tandis que l'homme éprouve une lassitude, une prostration considérables ; sa tête est lourde, sa pensée paresseuse, sa peau dans une moiteur continuelle ; en un mot, sa fibre est aussi molle qu'elle était ferme et énergique lorsque régnaient les vents du septentrion.

En été la pluie ne dure pas ordinairement plus de quelques jours, quoiqu'il y ait eu cependant des années calamiteuses où elle est tombée un mois et même six semaines presque sans interruption ; ainsi en 1850 elle commença dans la plaine de Caen par un vent de sud-sud-ouest le 12 juillet, au moment de la récolte, et ne cessa que vers la fin d'août ; pendant ce temps, les vents parcoururent successivement tous les points de l'horizon sans amener aucun changement dans l'atmosphère, les blés étendus en javelle germèrent, sans qu'on pût saisir un jour où ils fussent assez secs pour les rentrer, et ces blés germés firent un pain noir, miellé, détestable, qui occasionna chez les personnes délicates une foule de maladies.

Quand les années sont très humides, les blés sont encore susceptibles d'éprouver diverses maladies qu'on a désignées sous les noms de nielle, rouille, ergot, et ces blés, si on ne les débarrasse de ces productions morbides, sont susceptibles d'occasionner de graves épidémies dans le peuple ; je dis dans le peuple, car pour les classes pauvres, le pain étant la presque totalité de la nourriture, il y a pour elles nécessité plus grande encore que pour les autres à ce qu'il renferme sans altération tous ses principes nutritifs.

Nous avons dit que la fin de l'été est souvent refroidie par les forts vents du nord-ouest qui règnent dès le mois de septembre sur nos côtes : en effet, ces vents, qui soulèvent toujours vers cette époque de dangereuses tempêtes, abaissent la température et sont cause que nos fruits tardifs, surtout nos raisins, n'arrivent jamais à une parfaite maturité. En a-t-il toujours été ainsi? Aux XIe et XIIe siècles, ne cultivait-on pas la vigne avec succès sur les coteaux d'Argences, de Moult, de Biéville (*vicum illum qui optimi vini ferax esse dicitur*) ? Les étés à cette époque étaient-ils donc plus chauds qu'aujourd'hui? et l'hypothèse astronomique qui attribue les pluies abondantes de ces années passées à un déplacement des grands courants terrestres, et par suite à un abaissement de température, serait-elle vraie?

Malheureusement nous ne possédons aucune observation météorologique de ces temps reculés, nous voyons seulement dans les documents de cette époque apparaître comme un long convoi funèbre cette nomenclature d'une désolante régularité ;

en telle année, il est tombé considérablement de pluie, puis, l'année suivante il y a eu une grande disette, puis, comme dernier acte de ce drame, l'année suivante encore il y a eu une peste, peste d'autant plus meurtrière qu'elle a sévi sur des populations épuisées par le travail et les privations.

Automne. — L'automne offre comme partout ailleurs, mais d'une manière plus prononcée à cause du voisinage de la mer, des alternatives de grands vents et de pluie : cependant les récoltes se trouvent mieux encore, à cette époque, d'une température basse, d'un froid vif et même aride, que d'un temps pluvieux et doux, car dans les années où les automnes sont chauds et humides, nos champs sont envahis par des nuées d'araignées noires, véritable plaie d'Egypte, qui ravagent et détruisent tout ce qu'elles trouvent de vert et de tendre sur leur passage, principalement le trèfle incarnat, vulgairement appelé pagnolée d'Espagne.

Enfin après les tempêtes équinoxiales, l'automne nous ménage presque chaque année la douce surprise d'un été de Saint-Martin ; pendant ces douze ou quinze jours, le soleil, qui semble avoir retrouvé toutes les grâces de sa jeunesse, brille pur et radieux au milieu d'un ciel sans nuages, et si ce n'est que ses rayons colorent de tons chauds les feuilles jaunies des bois, on pourrait se croire au milieu du printemps. Rien en effet ne ressemble plus au sourire de l'enfance que le sourire bienveillant du vieillard.

Hiver. — Décembre et janvier sont les mois où le thermomètre descend le plus bas. Lorsque le vent est nord et que le soleil brille, le froid est vif, piquant, mais très-supportable ; tandis que lorsque le vent de nord-est nous apporte le froid mordant des plaines de la Sibérie, il est difficile de s'y exposer longtemps sans danger.

Il est encore d'observation que c'est surtout après les grandes pluies d'hiver que surviennent les grandes gelées, particulièrement quand la lune est dans sa croissance ; comme aussi il n'est pas moins vrai qu'au milieu même de la gelée la plus forte, si les vents viennent à tourner vers le sud, la température s'adoucit aussitôt et le dégel survient.

Enfin, règle générale, les hivers rigoureux sont favorables à nos contrées, soit parce que la gelée fait périr un grand nombre d'insectes, soit parce qu'elle cuit les terres et les rend plus meubles, surtout les terres fortes, soit parce qu'en retardant la végétation, elle donne aux sucs nourriciers des plantes le temps de s'élaborer et de se concentrer dans le sol : *Année de gelée, année de blé,* dit le proverbe normand ; et les proverbes sont le résultat de siècles d'observations.

SECONDE PARTIE.

ÉTAT DE L'AGRICULTURE AVANT ET APRÈS LA CULTURE DU COLZA DANS LE DÉPARTEMENT DU CALVADOS.

CHAPITRE PREMIER.

Comme la nature des terres du Bocage et du Pays-d'Auge diffère profondément de celles de la plaine de Caen, nous tracerons aussi le tableau de l'agriculture avant la culture du Colza, d'abord dans les terres des régions est et ouest du département, puis ensuite nous ferons le même travail pour la plaine de Caen.

1° ÉTAT DE L'AGRICULTURE AVANT LA CULTURE DU COLZA DANS LES TERRES ARABLES DU BESSIN ET DE LA VALLÉE D'AUGE.

Pour nous servir de fil conducteur à travers la multitude de faits qui se présentent à notre observation, nous étudierons l'état de l'ancienne agriculture dans ces contrées, sous le rapport du labourage, des amendements, des engrais, des assolements, des animaux de la ferme, du personnel, et des diverses productions agricoles.

A. *Labourage.*—Autant le labourage est facile en tous temps et en toutes saisons dans la plaine, autant le labourage dans les

terres argileuses, c'est-à-dire lourdes et mouillantes, est pénible
et difficile ; il fant que le cultivateur saisisse le moment propice
pour exécuter son œuvre, car s'il fait trop humide, la terre, devenue adhérente, se soulève sur le versoir de la charrue en larges
nappes, et retombe sans se diviser ; tandis qu'au contraire s'il fait
trop sec, cette même terre durcie, et pour ainsi dire calcinée, ne
peut plus être entamée ; donc, dans ces deux cas extrèmes, dépense
considérable de force et résultat peu satisfaisant. Aussi les cultivateurs de ces régions ne faisaient-ils autrefois que de rares
labours, et cette stagnation des terres concourait encore, on le
comprend, à augmenter leur cohésion naturelle ; depuis la culture du Colza, force a été de labourer plus souvent et à une plus
grande profondeur ; et plus cette terre a été remuée et exposée
sous toutes ses faces aux agents de l'atmosphère, et plus sa cohésion a diminué, et plus elle est devenue meuble, perméable ; et
ce n'est pas là le moins grand service que la culture du Colza a
rendu à l'agriculture de ces contrées.

B. *Amendements.*—Ceux qui cultivent les terres argileuses ont
de tout temps senti le besoin impérieux de mélanger à cette terre
certaines substances propres à rendre leur division par la charrue
plus facile et plus efficace. Dès le moyen âge en effet, et même,
d'après Pline, dès les temps antiques, on voit la marne et la tangue employées dans ce but sur une très vaste échelle[1]. De nos
jours, la chaux est l'amendement le plus généralement employé,
tant dans les terres froides, argileuses du Bocage, que dans celles
du Pays-d'Auge et du Bessin ; cette chaux est d'abord déposée en
tombes avec égale quantité de terre, puis ensuite répandue uni-
formément sur les champs ; la quantité varie selon les lieux, et
aussi selon l'aisance du cultivateur ; mais il est aujourd'hui un
fait acquis, c'est que depuis l'établissement des chemins de
toutes sortes, et surtout des chemins d'exploitation (car on ne

---

[1] En 1247, au nombre des services dus par le paysan pour l'exploitation agricole du domaine seigneurial, se trouvait celui du transport et de
l'étente de la marne (M. Lechaudé, *Mém. de la Soc. des Antiq.*, t. 11, p. 91).
D'après Pline, le marnage était déjà de son temps très-employé dans la
Grande-Bretagne et les Gaules (de Caumont, *Géonosie du Calvados*).

pouvait appeler chemins les espèces de fondrières qui entre deux haies accédaient dans ces pays à la plupart des pièces), comme aussi depuis l'aisance qu'a répandue la culture du Colza dans quelques-unes de ces contrées, la quantité de chaux employée comme amendement a presque doublé [1].

Depuis des siècles, la tangue est également employée dans une partie de l'arrondissement de Bayeux, à la fois comme engrais et comme diviseur des terres; cette tangue, qui est retirée de la baie des Veys, à l'embouchure des petites rivières de la Vire et de l'Aure, est l'objet d'un commerce considérable.

C. *Engrais*. — Le cultivateur du Bocage faisant beaucoup de sarrasin, avait naturellement moins de paille, et par conséquent moins de fumier que le cultivateur de la plaine; de plus les habitudes de pacage venaient encore augmenter cette différence; quant aux engrais artificiels, ils y étaient généralement peu connus. Aujourd'hui les cultivateurs qui font du Colza emploient dans une certaine proportion la poudrette et le noir animal. Dans l'arrondissement de Bayeux, où une partie des terres sont de nature calcaire, et où celles qui reposent sur le lias offrent encore, quoique lourdes, mouillantes et difficiles à cultiver, de bons types de franche terre, la culture a toujours été plus avancée que dans le Bocage, et s'est constamment rapprochée, tant pour les labours que pour les engrais, les assolements et la culture en général, des terres de la plaine, auxquelles elles sont contiguës. Il en est de même de toute la contrée d'Auge qui borde la plaine de Caen au levant.

D. *Assolements*. — Dans le Bocage, sur le fourrage qui était presque toujours de la *pagnolée* commune, et après que la première coupe avait été enlevée et la seconde dépouillée sur place

---

[1] Plus de 60 fours à chaux situés dans l'arrondissement de Bayeux, principalement aux environs de la mine de Littry, fournissent à la fois aux besoins des terres et aux besoins des constructions d'une partie de l'arrondissement de Caen. Cette chaux se vend, celle qui est cuite avec le bois, 12 fr. les 500 kil., et celle qui est cuite avec le charbon, 10 fr. seulement, car on prétend que cette dernière renferme moins de carbonate de chaux.

par les animaux, on donnait plusieurs labours, et on faisait du sarrasin, sur le sarrasin venait le blé, sur le blé, l'avoine ou l'orge, puis sur l'orge on semait des fourrages, ou on laissait la terre se reposer un ou deux ans avant de revenir au blé.

Aujourd'hui, grâce aux Sociétés d'Agriculture, aux concours agricoles, aux leçons d'agriculture pratique, aux ouvrages élémentaires sur la matière, et aussi, il faut le dire, à l'impulsion que donne le pouvoir à cet art chargé de nourrir le peuple, et par conséquent de maintenir la paix dans l'empire, les connaissances agricoles pénètrent un peu partout, et on tend de toutes parts à abandonner l'ancien système de culture, c'est-à-dire l'assolement triennal, pour se rallier à la culture moderne, à la culture de la plaine de Caen.

E. *Animaux de la ferme.* — Les chevaux du Bocage étaient jusqu'à ces dernières années de race bretonne, percheronne, et en général assez communs de formes; on ne cherchait pas comme dans la plaine, le Bessin, et le Pays-d'Auge, à former le cheval de *remonte*. Quant aux travaux de l'agriculture, ils sont encore en partie faits par des bœufs. Ainsi il est assez ordinaire de voir des charrues attelées de 4 et même 6 bœufs, avec un cheval devant en arbalète, comme aussi il n'est pas rare de voir des attelages où les bêtes à cornes sont unies avec les chevaux.

Quoiqu'il n'y ait pas beaucoup de troupeaux de moutons, cependant le nombre de ces animaux est encore considérable, car chaque petit cultivateur possède toujours, avec ses vaches, 2, 4, ou 6 moutons, qu'il mène paître avec elles.

F. *Personnel.* — Le personnel des fermes du Bocage, du Bessin, et du Pays-d'Auge, a toujours été à peu près le même; seulement, dans les cantons où on cultive le Colza, comme l'exploitation exige plus de bras, on a été forcé d'augmenter le nombre des domestiques.

Invasion de la plaine par les populations du Bocage. — Il est une grande loi de bien-être, d'amélioration matérielle, qui semble pousser invinciblement les peuples des contrées les plus déshéritées vers les régions plus favorisées soit par la douceur du climat, soit par la richesse naturelle du sol, et cette loi s'accomplit dans la marche des temps, tantôt par de soudaines invasions de peuplades entières, qui, comme un flot, couvrent rapidement tout un royaume, tantôt petit à petit, insensiblement, et comme par infiltration.

Que chacun regarde autour de soi dans notre belle contrée si heureusement partagée sous tous les rapports, et il verra que la population indigène de chaque localité est mélangée, confondue, soit avec des étrangers dont le pays natal offre moins de ressources, soit avec des compatriotes venus de provinces à sol plus pauvre et plus ingrat.

Ainsi les habitants du Bocage, pays peu fertile, où la terre ne donne pour ainsi dire qu'à regret et au prix des plus grands efforts les denrées nécessaires à la vie, émigrent sans cesse dans la plaine de Caen ; et aujourd'hui ils forment la presque totalité des domestiques et des servantes de nos fermes. Ajoutons au reste que ce sont sans contredit les plus estimés, car ils ont été élevés à l'école du travail, de l'économie et de la tempérance ; tandis que chez nos ouvriers indigènes de la plaine, il est loin d'en être ainsi !

Il est même un fait bien remarquable, c'est que beaucoup de nos fermes sont aujourd'hui occupées avec succès par des personnes venues du Bocage ; il y aurait là bien des observations intéressantes à faire, sur la frugalité, l'ordre, l'activité laborieuse et la parcimonie bien connus du Bocain ; il y aurait de curieuses recherches à faire sur la différence des dépenses journalières, tant sous le rapport des vêtements, que sous celui de la nourriture, entre l'habitant du Bocage et celui de la plaine, et sur l'influence que ce genre de vie, tout différent, peut avoir en fin de compte dans la réussite des entreprises agricoles : mais ces études nous entraîneraient hors de notre cadre ; qu'il nous suffise ici de les signaler.

Dans le Bocage, comme femmes et enfants travaillent, chaque famille de cultivateurs se suffit ordinairement, avec le petit nombre de domestiques de la ferme, et dans les moments de presse, comme lorsqu'il s'agit par exemple du battage du sarrasin, chacun fait appel à ses voisins, comme il va plus tard lui-même aider ceux qui l'ont obligé.

Les salaires sont, dans ce pays, beacoup moins élevés que dans la plaine, aussi voit-on chaque année, au moment de la moisson, arriver dans nos contrées, et principalement à Caen, où se fait *la louée*, des compagnies d'hommes et de femmes qui viennent *faire le mois d'août* [1].

Ateliers agricoles du Bocage.—C'est surtout depuis la grande extension donnée à la culture du Colza, que les ateliers de Bocains sont devenus plus nombreux et ont été plus généralement employés par les cultivateurs ; leur travail se fait à la tâche, mais ils sont nourris à la ferme, même pendant les jours où le mauvais temps les empêche de travailler ; ils couchent tous, hommes et femmes, dans les granges, sur des lits de paille improvisés ; et ce n'est pas là un des détails les moins curieux de cette espèce de vie de Bohême : du reste, ils font leur besogne gaiement, rentrent tous les soirs au village en chantant, et emportent après la moisson un pécule d'autant plus précieux que l'argent est plus rare dans leur pays.

G. *Productions agricoles*. —Les principales productions agricoles dans les terres argileuses du Bocage, du Bessin et du Pays-d'Auge, ont été : 1° le blé ; 2° le sarrasin ; 3° l'avoine, l'orge, le méteil et les fourrages. Ce n'est que de 1820 à 1828 que le Colza commence à s'introduire d'une manière régulière dans les assolements, et encore est-il juste de dire qu'au milieu de ces contrées, cette culture n'a véritablement pris une certaine extension que dans l'arrondissement de Bayeux, le versant occidental du bassin de la Dives, et les cantons d'Aunay, Vassy, Condé dans le Bocage, où depuis quelques années il remplace le sarrasin sur les terres à blé.

Blé.—Les terres fortes riches en alumine, qui recouvrent les contrées que nous étudions, sont les véritables terres à blé ; c'est

---

[1] La moisson est habituellement terminée dans le Bocage quand celle de la plaine commence.

dans ces sols durs, compacts, qu'il revêt cette couleur sombre, indice d'une grande vigueur ; qu'il possède ces fortes tiges, ces longs épis si bien garnis ; enfin, c'est dans ces terres que le grain de blé est le plus lourd, et que la farine est de meilleure qualité.

Les espèces de blé cultivées sont surtout le blé-chicot et le blé à barbes ou gros-blé ; on y rencontre fort peu les francs-blés de la plaine. Nous avons déjà dit que dans le Bocage le compost à blé était autrefois le sarrasin ; aujourd'hui, partout où le Colza a pris une certaine extension, il remplace cette plante comme compost à blé, et lui est bien supérieur.

Le blé des terres argileuses rend moins de paille et plus de grain que celui des terres profondes de la plaine, du moins quand ces terres sont bien *chaulées* et bien engraissées ; inutile d'ajouter que celles de cette catégorie qui ont subi l'opération du drainage voient leur puissance végétative s'augmenter encore, et leur récolte annuelle toujours assurée.

Avoine et Orge. — Si le blé donne de très-beaux produits sur les terres fortes et mouillantes des régions de l'ouest et de l'est, *a fortiori* l'avoine, l'orge et le seigle y viennent-ils admirables. Depuis même que le Colza a expulsé en partie ces céréales des premières terres de la plaine, ce sont ces contrées qui ont reçu mission d'alimenter nos halles de ces produits.

Il est une culture qui est spécialement pratiquée dans le Bocage, et dont nous devons faire une mention spéciale, d'abord, en raison de son importance, et ensuite des services qu'elle rend comme aliment aux classes pauvres de la plus grande partie du département : nous voulons parler du sarrasin.

Sarrasin. — Sous le rapport de l'importance de sa culture, le sarrasin vient dans le Bocage immédiatement après le blé, et même, dans certains cantons, sur la même ligne que lui. Cette plante précieuse, d'origine africaine, comme l'indique son nom, était inconnue à la Normandie du moyen âge, et on ne trouve son nom cité pour la première fois que vers l'année 1460.

Le sarrasin, comme la pomme de terre, est un utile auxiliaire du blé, et sa farine, employée tantôt sous une forme, tantôt sous une autre, fournit presque toute l'année aux popu-

lations du Bocage une nourriture saine, suffisamment répara-
trice, et dont l'estomac ne se fatigue jamais, parce que, comme
toutes les labiées, elle est tonique et légèrement stimulante.

Si la terre à sarrasin demande peu d'engrais, en revanche
elle exige beaucoup de labours; nous avons déjà dit que c'est le
compost à blé le plus répandu : mais, au fur et à mesure que le
Colza pénètre dans ces régions, le sarrasin y diminue.

Est-ce un bien, est-ce un mal? La question est très-contro-
versée. Quant à nous, nous pensons que ce qui arrête surtout
les progrès de l'agriculture dans le Bocage, c'est le manque
d'engrais, le manque de fumier : avec le sarrasin, il n'y a pas
à espérer d'augmentation dans le rendement de la paille du blé,
tandis qu'avec le Colza le cultivateur, contraint, par la force
des choses, d'augmenter ses engrais naturels, d'en acheter
même d'artificiels, aura sur ses terres à Colza une récolte presque double en paille. Telle a été l'origine des progrès agricoles,
dans les terres de la plaine, telle sera également, toute proportion gardée, à cause de la différence du sol, l'origine de la transformation de l'agriculture dans le Bocage.

D'ailleurs, le compost à blé sur Colza est infiniment meilleur
que sur sarrasin, car toutes les fois qu'on voudra faire venir
deux récoltes consécutives de céréales sur la même terre, on
épuisera bien vite cette terre, fût-elle riche et profonde; à plus
forte raison si elle est légère et peu fertile.

Malgré notre prédilection pour le sarrasin, nous pensons donc
que, dans l'intérêt de l'avenir agricole de ces contrées, la culture du colza doit y être favorisée, quoique dans de sages limites.

Colza. — C'est seulement vers 1828 que les colzas commen-
cèrent à s'introduire dans les cantons du Bocage les plus rap-
prochés de la plaine de Caen; tout d'abord, il faut le dire, les
résultats furent très-satisfaisants, et il en sera toujours ainsi
lorsque le Colza sera introduit pour la première fois sur une
terre quelconque; mais quelques cultivateurs ayant voulu, à
l'instar de leurs voisins, précipiter cette culture, il y eut bientôt
de nombreux mécomptes. C'est que, on ne peut trop le répéter,
pour réussir dans la culture du Colza, il faut beaucoup d'en-

grais, de bons engrais, c'est-à-dire des engrais très riches en azote, et des labours profonds ; et que ces différentes conditions de succès sont d'autant plus impérieuses, que le sol lui-même est moins riche et moins fertile.

Dans les terres calcaires et les terres argileuses de l'arrondissement de Bayeux, ainsi que celles qui recouvrent le versant occidental de la vallée de la Dives, le Colza a été cultivé presque aussitôt que dans la plaine, et il y a subi tous les perfectionnements que cette culture a éprouvés dans la campagne de Caen. Cependant la présence au-dessous de ces terres, d'un sous-sol imperméable, y rendra toujours la culture du colza plus difficile et moins fructueuse que dans la plaine :

1° Parce que les labours n'étant pas assez profonds, l'eau de pluie sature rapidement la couche arable, en dissout les engrais, et les entraîne en s'écoulant selon la pente naturelle des terres ;

2° Parce que les racines pivotantes arrivant au sous-sol, au dur, comme disent les laboureurs, ne peuvent le traverser et sont forcées de s'arrêter sur un terrain qui ne leur donne plus de principes nutritifs ;

3° Enfin parce que l'argile ayant la propriété de se durcir à la chaleur, si la couche arable est mince, dans les temps de sécheresse, l'action des rayons solaires la traverse bientôt, ferme le sous-sol, et empêche par conséquent l'ascension de l'eau, qui, en vertu des lois de la capillarité, tend toujours à monter à la surface des terres ; puis, si cet état se prolonge, la plante, privée d'humidité et de sucs nutritifs, sarrête dans son développement, et se trouve de plus en plus exposée à toutes les causes de maladies.

Si ces notions élémentaires étaient généralement répandues, et comprises du cultivateur, nul doute que le drainage, qui remédie d'une manière si complète à ces inconvénients, d'exceptionnel qu'il est encore aujourd'hui, ne devînt bientôt une pratique générale.

Fourrages.—Disons enfin, pour terminer ce rapide aperçu sur la culture de ces régions, que les principaux fourrages cultivés sont la pagnolée et le sainfoin, mais que ce dernier ne peut vivre dans les terres mouillantes plus d'une année, parce que ses racines s'y trouvent détruites par l'humidité, et que dans les localités où le colza est cultivé, et où par conséquent les terres sont en meilleur état, ces fourrages donnent plus du double des produits d'autrefois.

Pommiers.—Quant aux pommiers qui couvrent presque toute la surface de ces terres, et qui font avec les parties basses, converties en herbages, la principale richesse de ces contrées, ils n'ont pu que ressentir eux-mêmes une heureuse influence de la culture du Colza, puisque par elle une plus grande quantité d'engrais a été répandue dans la terre où plongent leurs racines, et qu'il est d'observation que l'engrais a une grande influence non-seulement sur le développement du bois des arbres à fruits, mais encore sur la production des fruits eux-mêmes. Ajoutons que l'usage du cidre tend sans cesse à s'étendre au-delà des frontières de la Normandie, et que depuis l'ouverture du chemin de fer de Caen surtout, d'énormes quantités de pommes sont enlevées vers Paris. L'année dernière la station de Moult en était littéralement encombrée, et cette exportation active fait que ces fruits, qui dans les années d'abondance se vendaient à vil prix faute de débouchés, conserveront désormais une certaine valeur.

2° ÉTAT DE L'AGRICULTURE, AVANT LA CULTURE DU COLZA, DANS LES TERRES DE LA PLAINE DE CAEN.

Malgré la nature exceptionnelle de ses terres, les récoltes étaient très-médiocres il y a trente ans dans la plaine de Caen. D'où cela venait-il? de plusieurs causes que nous allons passer en revue; ainsi, d'abord le labourage se faisait mal, c'est-à-dire pas assez profond et pas assez répété; bien entendu que nous parlons ici en général, et que nous ne comprenons pas dans cette appréciation quelques-uns de nos anciens cultivateurs qui, devançant le progrès, avaient déjà entrevu la lumière, et aux exemples desquels nous avons dû au contraire dans ces années passées de voir vulgariser les dernières conquêtes agricoles.

Engrais.— Mais si on ne comprenait pas alors la valeur des labours profonds, et si on ne faisait pour ainsi dire qu'écorcher la terre, si on ne comprenait pas davantage toute la puissance végétative qu'acquiert la terre lorsqu'elle demeure un certain temps exposée sous toutes ses faces à l'action de l'air, de la lumière, des pluies, des rosées, et peut-être d'une foule d'autres agents inconnus renfermés dans l'atmosphère, que dire des engrais, des fumiers, puisqu'en général il n'y avait que ceux-là d'employés? avec quelle déplorable insouciance ces agents indispensables de toute culture n'étaient-ils pas abandonnés, soit à l'action destructive du soleil, soit à l'action dissolvante des eaux pluviales, qui des toits de la ferme venaient détremper le fumier de la cour, c'est-à-dire se charger de presque tous ses principes fertilisants, et déborder ensuite en noirs torrents dans les rues des villages! Ce n'est pas que le cultivateur ne comprît toute l'influence de l'engrais sur sa récolte, il est trop en contact avec les faits pour ne pas les juger sainement; mais tout en se plaignant du manque d'engrais, il ne faisait rien pour les améliorer ou pour s'en créer de nouveaux.

Chevaux. — Autrefois les cultivateurs de la plaine de Caen n'avaient dans leurs écuries qu'à peu près le nombre de chevaux nécessaires à l'exploitation de leurs terres, ils n'élevaient pas comme de nos jours le cheval de commerce. Aussi recherchaient-ils de préférence dans leurs achats le cheval gros, trapu, quoique commun de formes, parce qu'ils lui attribuaient plus de force et de solidité qu'au cheval d'espèce ; tous les anciens cultivateurs ne sont pas encore convertis à la nouvelle méthode, et je me rappellerai toujours les vives et interminables discussions auxquelles j'assistai il y a quelques années entre un vieux cultivateur et son fils, précisément à propos de cette question : le bonhomme n'estimait, n'aimait que ses gros percherons, parce qu'ils étaient robustes, durs au travail, et peu sensibles aux intempéries de l'atmosphère, et il ne tarissait pas en épigramme, quelquefois très-gauloises, sur les *messieurs* de son fils, à qui, disait-il, il ferait inévitablement porter un jour des gilets de flanelle.

Vaches. — Le nombre des vaches laitières nourries dans la campagne, au piquet, était à peu près le même à cette époque qu'aujourd'hui ; seulement, de même que pour les chevaux, leurs espèces comme conformation et comme qualités laitières se sont considérablement améliorées.

Avant la culture du Colza dans la plaine, il était d'usage de laisser les champs de blé, d'avoine, d'orge, etc., une partie de l'automne et de l'hiver sans les retourner. Ces champs se couvraient d'herbe, et cette herbe servait de pâture aux troupeaux de moutons que possédait généralement chaque ferme.

Retours de culture. — Au commencement de ce siècle les retours de culture dans la plaine se faisaient ainsi :

Blés.—Fumure pour faire le blé, sur le blé avoine ou orge, puis trèfle commun; ou bien blé, jachère, blé, orge, et ensuite une jachère inévitable ; ou bien encore fumure, puis haricots rouges, puis blé, avoine ou orge, et sainfoin trois à quatre années.

Les blés à cette époque donnaient trois à quatre gerbes, en moyenne, par are. Il est vrai qu'il fallait peut-être un peu moins de gerbes à l'hectolitre qu'aujourd'hui, mais, toutes choses égales, nous espérons établir que le rendement du blé est de nos jours bien supérieur à celui de ces temps-là.

Avoines et orges. — Avant l'introduction dans la plaine des cultures sarclées, les terres à blé renfermaient des quantités considérables d'herbes parasites; le coquelicot et le chardon infestaient nos terres et ne contribuaient pas peu à rendre les blés encore plus chétifs. A cette époque, chacun faisait es avoines et des orges, non-seulement comme aujourd'hui pour les besoins de sa consommation, mais encore pour les vendre aux halles; aussi leur prix était-il loin d'atteindre à cette époque le chiffre où nous les voyons depuis quelques années. L'orge surtout était très-fréquemment cultivée dans la plaine; car à cette époque la plupart des paysans se nourrissaient du pain de sa farine. Aujourd'hui que l'aisance et le besoin d'améliorations matérielles ont pénétré un peu partout, tout le monde mange du pain blanc, et le seul orge qu'on fasse est destiné à l'engraissement des animaux.

La culture de l'orge, qui occupait une place importante dans les assolements de la plaine avant l'introduction du Colza, en a donc presque entièrement disparu ; doit-on le regretter ? Assurément non, car venant après le blé, l'orge formait un mauvais assolement, l'assolement triennal.

Quand on consulte les anciens documents de l'agriculture au moyen âge, on trouve que jusqu'à la culture du colza cet art n'avait presque fait aucun progrès, c'est-à-dire qu'au bout de six siècles d'expériences, les labourages, les engrais et les assolements étaient encore exactement les mêmes que ceux vantés par la *Fléta*, ouvrage agricole publié en Angleterre au XIIIe siècle, sous le règne d'Edouard Ier.

Mais prenons un exemple plus récent : une des grandes fermes du littoral, située au milieu d'excellentes terres, a été occupée pendant soixante ans par la même famille, au prix d'abord de 4,500 fr., puis 5,000 fr.

Les enfants de ces anciens fermiers sont aujourd'hui pauvres et réduits à travailler comme journaliers ; les mêmes terres sont louées aujourd'hui 8,400 fr., et les personnes qui les occupent prospèrent, et augmentent chaque année le nombre et la qualité de leurs animaux, comme elles augmentent et consolident aussi leurs chances de succès !

Sarrasin. — Seigle. — Avant l'introduction du Colza dans la culture de la plaine, on y rencontrait encore quelques champs de sarrasin ; aujourd'hui, à part le canton de Villers-Bocage, c'est à peine si on en trouve quelques hectares dans toute la contrée ; il en est de même du seigle, qu'on ne cultive plus que comme fourrage, ou afin d'avoir sa paille très-flexible pour en confectionner des *liens.*

Terminons enfin cette revue des produits de cultures éteintes, par la description d'un de ces usages champêtres qui, comme beaucoup d'autres, se sont évanouis devant le sérieux du matérialisme de notre époque.

Haricots rouges. — Nous voulons parler de la culture en plein champ des haricots rouges.

Il y a quarante ans cette denrée occupait dans nos terres du littoral une place presque égale à celle du Colza de nos jours ; pas un cultivateur, quelle que fût l'étendue de son exploitation,

qui ne fît chaque année une ou plusieurs pièces de haricots rouges : cette culture très-épuisante, et cependant regardée alors
comme un bon compost à blé, exigeait une terre bien préparée et
bien fumée ; les semailles se faisaient par un beau jour de printemps au moyen d'une réunion de dix, quinze et même vingt
personnes, parents, amis, jeuns gens, jeunes filles, qui faisaient de ce jour une véritable fête champêtre.

La charrue marchait avec un rayonneur attaché derrière
elle, chacun prenait son bout, dans l'étendue du champ, les
femmes semaient, et les hommes recouvraient les haricots avec
un rabot, appelé encore comme au XIIe siècle étorboux ; puis
la besogne terminée, non sans avoir, touchant symbole ! répandu de la semence en forme de croix, au bout du champ, on
s'asseyait en rond, on déployait par terre la large nappe, et on
se partageait un énorme gâteau parfumé à la canelle, puis on
arrosait cette collation rustique de cidre et surtout de gais propos ; et quand il y avait là un jeune homme plus simple ou plus
novice que les autres, toutes les jeunes filles, à un signal donné,
se précipitaient sur lui, et malgré sa résistance lui donnaient
la bascule, c'est-à-dire le soulevaient par les bras, par les
jambes, et le laissaient trois fois retomber contre terre ! — Et
c'étaient des éclats de rire, des quolibets, des railleries qui se
prologeaient jusqu'à la rentrée au village, surtout si le malheu-
reux garçon, au lieu de rire avec ses jolies ennemies, avait la
mauvaise inspiration de les bouder pour leur innocente plai-
santerie. Douce liberté des champs ! jeux naïfs, joies bruyantes
et expansives ! qu'êtes-vous devenus ? Aujourd'hui tout se
transforme et perd son originalité. Aujourd'hui le fils du cultivateur veut imiter le citadin, et au lieu, le dimanche, de se
promener après les offices au milieu de ses champs avec son
père ou ses camarades, et là, d'y recevoir ces leçons de pratique qui se gravent d'autant mieux dans la mémoire, qu'on a
sous les yeux l'image de la bonne comme de la mauvaise pratique, il préfère aller à la ville voisine, passer son temps au
café, ou pis encore............ Aussi est-il navrant de voir si fréquentes maintenant dans nos campagnes, ces maladies innomi-

nées qu'autrefois on y regardait comme une chose monstrueuse et déshonorante.

Ah ! jeunes gens, restez dans vos campagnes, en face de cette belle nature, qui, elle, ne vous donnera que des joies sans remords ; formez-y des liaisons innocentes et pures avec vos jeunes amies d'enfance, fuyez surtout les plaisirs faciles de la ville, et n'oubliez jamais que, semblables aux fruits de la mer Morte, ils cachent sous une enveloppe brillante et menteuse les cendres du dégoût et de la corruption.

CHAPITRE II.

Etat de l'agriculture dans les régions de l'ouest, de l'est et du centre, depuis la grande extension donnée à la culture du Colza.

En étudiant dans le premier chapitre l'état de l'agriculture de ce département avant l'introduction du Colza, nous n'avons pu nous défendre, pour en faire ressortir le contraste, de signaler souvent les heureux changements que cette culture a apportés soit dans l'exploitation des terres, soit dans les différentes productions agricoles.

Aussi, pour éviter les redites, n'y reviendrons-nous pas, du moins quant aux régions de l'ouest et de l'est, et nous contenterons-nous de donner de plus amples développements à l'influence qu'a eue cette culture sur notre région centrale, sur cette plaine de Caen, cœur et centre principal de notre étude.

ÉTAT DE L'AGRICULTURE DANS LA PLAINE DE CAEN DEPUIS LA GRANDE
EXTENSION DONNÉE A LA CULTURE DU COLZA.

Nous allons considérer l'état actuel de l'agriculture dans la plaine, sous le raport :

1° *Du labourage*, 2° *des amendements*, 3° *des engrais*, 4° *des animaux de la ferme*, 5° *du personnel de l'exploitation*, 6° *des machines agricoles*, 7° *des assolements*, 8° *des différentes cultures.*

Depuis trente ans, l'agriculture, on ne peut le méconnaître, a fait d'immenses progrès dans la plaine de Caen, et ces progrès sont dus en grande partie à la culture du Colza.

Nous avons vu dans la première partie de ce travail que la plupart des terres de la plaine sont formées dans des proportions heureuses, d'*alumine*, de *silice*, de *calcaire* et d'*humus*, que ce sont par conséquent des terres argilo-siliceuses-calcaires. Or, il résulte de cette composition, aussi bien que de la profondeur de leurs couches, et de la perméabilité de leurs sous-sols, qu'elles possèdent toutes les qualités nécessaires pour y pratiquer avec succès la culture des plantes oléagineuses.

Aussi la plaine de Caen est-elle depuis longtemps à la tête de la culture du Colza, et produit-elle à elle seule deux fois plus de graine que le reste du département.

Voici du reste les chiffres que donne la statistique agricole de 1852. Quoique les Commissions cantonnales, dans un intérêt mal entendu, aient amoindri le chiffre de leurs récoltes en Colza, les proportions cependant restent encore assez tranchées pour donner une idée juste de l'importance de cette culture dans chacun des arrondissements.

Noms des arrondissements.	Nombre d'hectares cultivés.	Rendement en hectolitres.
Pont-l'Evêque. .	23	535
Lisieux. . . .	291	1 676
Vire.	1 489	24 375
Falaise. . . .	3 177	46 655
Bayeux. . . .	6 436	117 790
Caen.	16 193	343 922

Division extrême de la propriété dans la plaine. — Avec le Code civil, c'est-à-dire le partage égal des terres entre tous les enfants d'une même famille, la grande propriété territoriale devait se morceler de plus en plus, et c'est en effet ce qui est arrivé ; car de nos jours, à part quelques fermes, derniers débris de grandes fortunes nobiliaires, il n'existe plus dans la plaine que de petites exploitations.

Ainsi, tandis qu'on ne remarque que quarante-et-une fermes ayant plus de 100 hectares d'étendue, il en est déjà deux cent

trente-deux de 50 à 100 hectares, et huit cent vingt-quatre de
50 à 10 hectares (*Statist. agricole,* page 429).

La masse des exploitations agricoles se compose donc de
terres d'une étendue de 10 à 50 hectares.

Mais ce n'est pas tout, et on n'aurait qu'une idée bien incom-
plète du sol arable de la plaine, si on ne tenait compte que des
fermes proprement dites ; il faut savoir qu'à côté de ces fermes,
il y a une multitude de petits propriétaires-cultivateurs qui,
quoiqu'attachés à diverses professions, font cependant valoir par
eux-mêmes et leurs enfants un ou plusieurs hectares de terre.
C'est surtout dans la contrée maritime qu'existe cette immense
division de la propriété ; car, chose remarquable, le marin, cos-
mopolite par profession, aime cependant avec passion son
champ, sa propriété, quelque modeste qu'elle soit d'ailleurs ; et
le mobile le plus puissant de son travail, son rêve souvent
caressé au milieu des solitudes de l'océan, est d'ajouter une
parcelle de terre à celle qu'il possède déjà ; aussi le prix de
cette terre en est-il arrivé, dans cette zone, à des prix fabu-
leux, 6 à 7 mille francs l'hectare.

Si cette extrême division du sol nuit à l'application des
grands procédés de culture, principalement en usage de l'autre
côté du détroit, gardons-nous cependant de nous en plaindre,
car c'est du sein de ces familles de petits cultivateurs que sortent,
comme d'une pépinière, les jeunes gens qui vont, plus tard,
faire valoir les fermes, soit comme maîtres, soit comme domestiques ; élevés avec leurs parents, au milieu des travaux des
champs, ils en ont contracté le goût, et ont sucé, pour ainsi
dire, avec le lait les notions d'agriculture pratique qui vont
désormais leur servir de règle de conduite.

Ces renseignements ne sont pas à dédaigner au moment où
tous les économistes s'occupent de rechercher les moyens d'empêcher les migrations qui se font chaque année vers les villes,
aux dépens des campagnes.

1º LABOURAGE. — Le labourage a pour but 1º d'enterrer les
engrais répandus à la surface du sol; 2º d'exposer la terre
sous toutes ses faces, à l'action fécondante de l'air, puis de la

lumière, de la chaleur, de l'électricité, manifestations probables d'une même cause ; 3° de rendre la terre plus poreuse, plus légère, plus absorbante ; de la mélanger, de la triturer, de manière que ce ne soient pas toujours les mêmes molécules qui fournissent la nourriture aux plantes ; 4° enfin, de détruire, d'enterrer les herbes parasites, et de les faire servir d'engrais à la récolte future.

On peut poser en règle générale, qu'après l'engrais, la principale condition d'une bonne récolte, c'est un labour bien exécuté. Dans les terres de la plaine, qui ne sont qu'exceptionnellement lourdes et mouillantes, le *labourage* est praticable en toute saison, et le cultivateur peut y opérer comme il veut ; faculté précieuse, et qui avait été négligée jusqu'ici. Oui, on peut le dire, jusqu'à nos jours le sol n'était véritablement pas fait, il n'était qu'esquissé ; le laboureur se contentait de tourner et de retourner, de loin en loin, une légère couche de terre de 10 à 12 centimètres, et c'était là tout le sol arable ; mais qu'en arrivait-il ? dans les années humides, cette mince couche de terre continuellement abreuvée faisait pour ainsi dire macérer les racines des plantes, et bientôt ces plantes prenaient une teinte jaune, symptôme de souffrance ; dans les grandes sécheresses, c'était l'excès opposé, la couche trop peu profonde du sol arable, bientôt épuisée d'eau sous l'action des rayons solaires, ne pouvait plus donner aux racines des végétaux une humidité suffisante, et ces végétaux languissaient et même mouraient par défaut de séve.

Mais aujourd'hui que la culture du Colza et des betteraves a démontré la nécessité des labours profonds, on s'est déterminé à *piquer* davantage ; au lieu de 10 à 12 centimètres, le cultivateur intelligent et vraiment digne de ce nom, a donné à ses labours de 20 à 25 centimètres, et loin que les céréales s'en soient trouvées plus mal, on a remarqué, au contraire, qu'elles avaient gagné à cet état de choses une plus grande puissance de végétation. Quelques exemples bien vulgaires démontrent d'ailleurs tous les jours cette vérité sous les yeux même du cultivateur qui, trop souvent, ne veut pas se donner la peine de regarder ; qu'il mette en culture un ancien chemin, en se contentant seulement d'enlever la surface, à profondeur de charrue, et sans défoncer le dessous, et toujours dans l'avenir il verra que le blé, comme les autres récoltes qui viendront sur cet ancien chemin, seront plus pâles, moins vigoureux que ceux du reste de la pièce ; par contre, qu'il fasse un trou dans son champ à un mètre de profondeur, qu'il y remette ensuite la terre sans y rien ajouter, et toujours il verra les années suivantes, que les récoltes qui seront sur l'endroit où le terrain a été remué, seront plus fortes et d'une plus belle venue que celles des autres parties de sa pièce.

Au reste, l'opération du labourage, œuvre fondamentale en agriculture, doit varier, on le comprend, selon les localités, selon les diverses propriétés même, car à côté d'un champ qui possédera un mètre de terre végétale s'en trouvera quelquefois un autre qui n'en possédera plus que 25 à 30 c. avant d'arriver au sous-sol particulier de la plaine, au *fauvé ;* et l'expérience comme la théorie a démontré que s'il est peu dangereux, s'il est avantageux même, surtout pour le Colza, qui aime les terres nouvelles, d'entamer la couche de terre rouge, pour augmenter la couche arable, il n'en est plus de même quand il s'agit du *fauvé*, qui, lui, ne possède plus les éléments propres aux terres végétales. C'est donc au cultivateur, homme d'observation avant tout, à étudier ses champs en détail, à sonder leur profondeur, à connaître leurs qualités comme leurs défauts. C'est là une chose essentielle, et qui n'est encore dans nos contrées qu'à l'état d'ébauche ; l'agriculture comme la médecine pose dans ses livres des préceptes généraux, mais c'est au cultivateur et au médecin à en faire l'application, et à modifier cette application selon la connaissance qu'ils ont acquise, l'un, du tempérament de son malade, l'autre de la composition intime, de la profondeur, de la légèreté, en un mot de la constitution physique de ses terres.

Mais les labours n'ont pas été seulement perfectionnés de nos jours sous le rapport de leur profondeur, ils l'ont encore été sous celui de leur fréquence ; car l'expérience a démontré que, comme la nourrice à l'enfant exigeant, la terre donne d'autant plus à l'homme, qu'il la presse et la sollicite davantage.

Déplorables effets de la routine en agriculture. — Constatons cependant avec peine qu'il est encore dans nos campagnes quelques cultivateurs endurcis, qui s'obstinent à suivre dans le labourage, comme dans les autres pratiques agricoles, leur ancienne et déplorable routine : pour ces hommes, qui se raidissent contre tout progrès, et traitent de *théorie, d'innovation*, ce qui est déjà dans d'autres localités une pratique sage et lucrative, il n'y a qu'une seule voie de salut, c'est l'*exemple ;* il faut que, comme l'apôtre incrédule, ils touchent du doigt les faits pour y ajouter foi ; heureusement, ces faits se multiplient chaque année ; heureusement chaque année vient prouver surabondamment en faveur de la culture intelligente, en mettant en regard des pièces de Colza dont l'une rend le double de l'autre, uniquement parce qu'elle est mieux labourée et mieux cultivée.

2° AMENDEMENTS. — *Chaux.* — Le seul amendement en usage dans la plaine de Caen est la chaux, et encore cette chaux n'est-elle employée qu'en petite quantité, et dans les cantons seulement où existent des terres fortes à sous-sols argileux, tels qu'Evrecy, Tilly-sur-Seulles, Troarn, etc., et cependant si ce n'est l'éloignement des fours, qui en élèvent considérablement le prix, nous pensons que son emploi serait bien avantageux sur nos terres profondes, et même sur nos terres légères ; un cultivateur intelligent de la plaine, qui a fait l'année dernière des essais comparatifs sur deux pièces de terre de même valeur de notre seconde classe (terres légères, caillouteuses), m'a assuré avoir récolté sur celle qui avait été chaulée, un excédant de blé suffisant pour couvrir les frais de la chaux, plus 80 francs. Les pièces qui servaient à l'expérience mesuraient chacune deux hectares.

Tangue. — La tangue, dont le département de la Manche fait une si grande consommation, n'est pour ainsi dire pas employée dans la plaine de Caen, si ce n'est pour la culture maraîchère, et cependant nous avons la conviction que son emploi pourrait rendre d'immenses services, particulièrement dans les terres argileuses situées entre l'Orne et la Dives.

Depuis l'ouverture du nouveau lit de l'Orne sous Ranville, le flot apporte à chaque marée, et laisse déposer entre les épis, d'énormes quantités de ce précieux engrais, à ce point que chaque jour deux hommes sont occupés à la jeter à la rivière, pour déblayer la voie du bac ; bêcher une tangue grasse, excellente comme amendement et comme engrais, et la jeter ensuite à l'eau, cela ne rappelle-t-il pas qu'à Rouen, au XIIIe siècle, on jetait aussi les fumiers à la Seine (fiens, granes et ordures) (Delisle, *Agricul. au moyen âge*) ; mais au moins nos aïeux avaient-ils pour excuse l'absence à peu près complète de chemins entre les villes et les campagnes, tandis que de nos jours les cultivateurs peuvent sillonner nos contrées en tous sens sur de très-bonnes voies de communication.

Je ne connais qu'un cultivateur des environs, qui l'hiver occupe ses chevaux à charrier de la tangue [1] ; il la laisse égoutter un ou deux mois, puis ensuite il la fait répandre sur ses pièces ; les terres de ce cultivateur sont certainement dans des conditions défavorables pour recevoir ce sable, puisque ce sont de petites terres à sous-sol calcaire, et cependant, malgré cela, il a obtenu depuis cette opération des récoltes comme sur les meilleurs fonds ; et cette année il a peut-être le plus beau sainfoin de la plaine, sur des terres que son prédécesseur laissait le plus souvent en friche.

Quand on achète un engrais très-cher, on le prise fort ; mais il suffit qu'on en ait un, là, sous la main, qui ne coûte rien, pour qu'on ne daigne même pas le ramasser.

La tangue empêche la déperdition des gaz du fumier. — Ce n'est cependant la faute, ni de la science, ni de l'administration, si la tangue n'est pas mieux connue et appréciée chez nous ; car M. Is. Pierre, dans une savante et consciencieuse brochure qui

---

[1] Depuis l'époque où j'ai écrit ces lignes, j'ai vu avec plaisir que l'usage de la tangue de Ranville se généralise, et que beaucoup de cultivateurs même éloignés s'empressent d'en faire recueillir.

a été envoyée à tous les Maires par les soins de M. le Préfet, en a donné une analyse qui prouve que la tangue de l'Orne ne le cède en rien aux meilleures tangues de la Manche, soit sous le rapport de la quantité d'azote, soit sous le rapport de la quantité de carbonate de chaux.

Il est encore un autre service que peut rendre la tangue dans nos fermes, c'est d'être employée en couche épaisse au-dessus des fumières, dans les cours où il n'y a pas d'ombrage ; car il est certain que sous l'action des rayons solaires, une grande partie des gaz ammoniacaux renfermés dans le fumier s'évaporent et sont perdus à tout jamais ; et cela est si vrai, que les gaz montent, même des couches profondes de la fumière, pour venir se dégager à la surface, qu'il est d'expérience que dans une fumière de deux mètres de hauteur, les premiers soixante centimètres de la couche superficielle seront bien supérieurs comme engrais aux couches plus profondes : un cultivateur qui, sur nos conseils, avait recouvert sa fumière de tangue, en traduisait ainsi le résultat : « Avant cela, beaucoup de fumée sortait de ma fumière, et elle sentait très-fort ; depuis cette couche de tangue, elle ne fume plus, et ne répand plus aucune odeur. »

Et puisque nous parlons de la déperdition des principes actifs du fumier, jetons aussi notre cri d'alarme au nom de l'agriculture et de l'hygiène à la vue de ces flots d'eau de fumières qui coulent dans les ruisseaux de nos villiages après d'abondantes pluies.

Sans doute, le cultivateur dont une partie de l'engrais s'échappe ainsi, regrette et déplore cette perte, mais trop souvent la nécessité, dit-il, le force à la subir sous peine de voir submergés ses bâtiments d'exploitation.

En attendant donc que le progrès, qui insensiblement pénètre partout, ait changé la disposition vicieuse des cours de ferme, indiquons un moyen immédiatement praticable de se débarrasser de la plus grande partie des eaux de pluie avant qu'elles n'aient dissous les parties solubles du fumier. Ce moyen bien simple consisterait à placer des gouttières autour des bâtiments des fermes, principalement du côté de la cour, et à diriger les eaux au moyen de conduits, soit vers la rue, ou mieux encore dans des réservoirs où elles pourraient servir au besoin au lavage du linge.

3° ENGRAIS. — Toute plante qui croît à la surface de la terre absorbe par ses racines les sels et les gaz qui se trouvent renfermés dans l'intérieur du sol ; par ses feuilles, les gaz qui se trouvent répandus dans l'atmosphère, et cette opération capitale de toute végétation s'accomplit sous l'influence de la lumière et d'une certaine dose de chaleur solaire, absolument comme la décomposition de l'eau dans l'eudiomètre se fait sous l'influence de l'électricité.

Engrais naturel. — Rien qu'avec ces engrais naturels, la plante peut normalement accomplir toutes ses périodes d'accroissement, et si on la laissait mourir, et rendre à la terre ses éléments de décomposition, loin d'épuiser cette terre, elle lui fournirait au contraire des principes de fertilité. C'est l'état de nature ; mais en agriculture il n'en est plus ainsi, et cette science n'a même pour but que de rechercher les moyens de forcer la terre à donner beaucoup, sans cependant rien perdre de sa fécondité.

De tout temps on a donc cherché à réparer les pertes qu'éprouve le sol à chaque récolte, et on a tour à tour employé dans ce but les *jachères* et les *engrais*.

Jachères. — Les jachères étaient autrefois très en usage, et elles le sont encore dans quelques localités où les terres sont médiocres (Bourguébus, Evrecy, Villers-Bocage) ; mais elles ont à peu près complètement disparu de nos bonnes terres, depuis la grande extension donnée à la culture du Colza, parce qu'au moyen d'assolements mieux compris on a trouvé le moyen de faire produire à la terre, entre les récoltes épuisantes, différentes espèces de fourrages qui la reposent, et lui restituent une partie des principes qu'elle a perdus.

Engrais artificiel. — Reste donc l'engrais ; l'engrais étant à la terre ce qu'est la nourriture à l'animal, il est inutile d'insister sur son utilité ; aussi, à mesure que l'agriculture a fait des progrès, l'emploi des engrais est-il devenu de plus en plus considérable.

Cependant, c'est surtout depuis que le fermier, se livrant à la culture du Colza, a pu se convaincre qu'il courait à une ruine certaine, s'il ne donnait pas à cette plante très-avide, une suffisante quantité d'engrais, qu'il s'est ingénié à augmenter ses fumiers, à les rendre meilleurs ; puis les fumiers de la ferme ne suffisant plus pour la quantité de Colza cultivée, il a fallu encore chercher des engrais artificiels, et le *tourteaux*, le *guano*, la *poudrette*, etc., ont reçu une grande extension d'emploi. D'ailleurs, il faut bien le dire, la grande cause qui s'est toujours opposée aux progrès de l'agriculture dans nos pays de petites exploitations, a été la pénurie, l'état de gêne du cultivateur : comment songer en effet à acheter des engrais, à augmenter le nombre et la qualité de ses bestiaux, si on ne peut même pas payer exactement ses fermages ? Mais du moment que le Colza a été cultivé avec soin, avec intelligence, il a répandu chez tous les cultivateurs une aisance qui leur a permis de réaliser tous les progrès que nous voyons aujourd'hui accomplis.

Engrais de mer. — Il est encore une classe d'engrais très-puissants, mais dont l'usage est limité aux terres du littoral, ce sont les engrais de mer ; ces engrais sont : le varec ou goëmon, que la tempête détache des rochers, et que le cultivateur recueille, le lendemain du coup de vent, sur le rivage de la mer ; les fifottes ou étoiles de mer, les moules, les flions, etc., engrais extrêmement énergiques, et qui donnent naissance par la fermentation à une grande quantité d'ammoniaque.

4° ANIMAUX DE LA FERME. — Les chevaux sont les animaux exclusivement employés dans la plaine de Caen aux travaux de l'agriculture, et comme les labours sont généralement plus profonds, au lieu de deux qu'on attelait autrefois aux charrues, aujourd'hui on en met trois, et même quatre.

Il est une question qu'il serait très-intéressant de résoudre, c'est celle de savoir s'il ne serait pas plus avantageux de se servir, comme le faisait l'antiquité la plus reculée [1], et comme on le pratique encore dans quelques régions de la France, de bêtes à cornes plutôt que de chevaux pour tous les travaux des champs.

Chevaux de travail. — Chevaux de commerce. — Quoi qu'il en soit, on se tromperait fort si on pensait que tous les chevaux que possède le cultivateur ne sont là que pour les travaux de la ferme ; ces chevaux sont achetés poulains, puis on les met peu à peu au travail, et ils servent ainsi jusqu'à l'âge de quatre ou cinq ans, âge où ils sont enfin vendus, soit au commerce, soit à la remonte ; pendant cette période de temps, le cheval, par son travail, gagne une partie de sa nourriture, et si le cultivateur ne s'est pas trompé dans son achat primitif, il réalise ordinairement d'assez beaux bénéfices ; au reste, ces chevaux domptés dès leur jeune âge, habitués au travail, au commandement, sont infiniment meilleurs de service, et bien moins sujets aux maladies que ceux qui sont élevés dans les herbages jusqu'à l'âge de leur vente.

C'est donc un fait bien reconnu, que depuis que la culture du Colza a répandu plus d'argent chez le cultivateur, celui-ci a acheté un plus grand nombre de chevaux, comme aussi il s'est montré plus exigeant sur la conformation et l'espèce ; car après avoir fait son travail dans leur jeunesse, ces chevaux sont destinés à passer au commerce ou à l'armée, qui les paie en raison de leurs qualités ; en d'autres termes, tout cultivateur s'est un peu fait éleveur et a trempé dans l'industrie chevaline.

Vaches à lait. — A part le canton de Troarn, il y a peu de prairies naturelles dans la plaine de Caen, et la plus grande partie des vaches à lait sont nourries l'hiver à l'étable au moyen des betteraves, des fourrages et de la paille ; l'été, au piquet, dans les champs, avec le seigle vert, les pois, les vesces, le trèfle commun, le trèfle rouge, le sainfoin, etc.

---

[1] Dans les bas-reliefs de l'ancienne Egypte , on voit souvent deux bœufs et deux vaches attelés aux charrues (Champollion-Figeac, *Agricult. en Egypte*, pag. 48).

Quoique le contrôle ici soit difficile, il résulte cependant de tous nos renseignements que le nombre des vaches à lait n'a pas diminué sensiblement depuis la grande extension donnée à la culture du Colza, seulement il est vrai de dire que leurs formes comme leurs qualités laitières se sont considérablement améliorées.

Nous avons dit qu'à côté des 5 ou 6 grandes fermes qui existent dans chaque commune, il y avait une foule de personnes de toutes professions qui faisaient valoir de 1 à 4 hectares de terre ; or, toutes ces personnes ont des vaches qu'elles nourrissent au piquet, et leur très-grand nombre doit être pris en sérieuse considération dans la production générale des engrais.

Moutons. — Depuis la culture du Colza, le nombre des moutons a beaucoup diminué, surtout dans les cantons du centre et du nord de la plaine ; c'est là, sans doute, une chose fâcheuse, mais inévitable ; car, du moment qu'il n'y avait plus de vaine pâture, de jachère, il ne pouvait plus y avoir place pour nourrir, avec avantage, des troupeaux de moutons.

5° PERSONNEL.—Le nombre des domestiques attachés à la ferme a-t-il diminué ou augmenté depuis trente ans ? D'après l'enquête à laquelle nous nous sommes livré, il semble résulter que ce nombre est toujours resté à peu près le même, seulement à l'époque des Colzas et de la moisson, on a l'habitude, dans toutes les exploitations, d'aller louer sur la place de Caen, des ateliers d'ouvriers agricoles qu'on désigne sous le nom générique de *bocains*.

6° MACHINES AGRICOLES.— L'usage des machines et des instruments, en augmentant la somme des forces de l'homme, rend les travaux de l'agriculture moins pénibles, et plus en rapport avec la puissance et la dignité humaines ; car il est constant que si un travail modéré entretient la force et la beauté du corps, fortifie l'esprit et élève l'âme ; en revanche, il n'est pas moins certain aussi qu'un travail excessif déforme, abrutit et dégrade l'homme.

Or Dieu, qui, comme parle le catéchisme, a créé l'homme pour le connaître et l'aimer, n'a pas voulu que sa créature fût ravalée au niveau de la bête de somme, et il lui a donné l'intelligence pour ployer la matière à ses besoins, et en tirer des forces qui pussent devenir ses infatigables auxiliaires.

Depuis quelques années, les machines agricoles ont fait de grands progrès, tant en France qu'à l'étranger, et ces progrès ont été provoqués, excités par les grandes expositions publiques ; d'un autre côté, nous remarquons avec plaisir que nos ouvriers charpentiers et forgerons des campagnes s'ingénient à fabriquer des instruments plus simples, plus modestes, mais qui n'en rendent pas moins de grands services à l'agriculture.

Ainsi, c'est à eux surtout qu'on doit la *vulgarisation*, si on pouvait dire, des petites charrues à herser, ratisser et butter le Colza ; se contentant de modestes bénéfices, ils font ces instruments mieux, et à bien meilleur marché que ceux que j'ai vus aux différentes expositions ; et puis ils ont le grand avantage de faire leurs instruments en raison de la nature des terres des localités où ils travaillent, tandis que les instruments fabriqués dans les grands centres sont presque toujours trop forts et trop lourds pour nos terres calcaires.

Ancien mobilier agricole.—Jusqu'à nos jours, tout le mobilier agricole des fermes se composait de charrues, herses, fourches, râteaux, charrettes, banneaux, vans, cribles ; antiques instruments d'agriculture ! respectés même pendant ces temps de discordes civiles du moyen âge, où les passions de quelques-uns se faisaient trop souvent un jeu de la vie des hommes !

Ils sont loin de nous, ces temps où il fallait qu'un concile d'évêques, réunis à Rouen, protégeât par décret le laboureur à sa charrue contre toute attaque violente : *Assultus ad carrucam* (Delisle, *Agricul. au moyen âge*).

Aujourd'hui, grâce à la paix profonde, à l'ordre, à l'activité industrielle qui règnent en France, sous le regard tutélaire d'un gouvernement actif et fort, le cultivateur peut se livrer sans crainte à ses travaux, et confier à la terre ses économies.

Le laboureur soldat. — Si dans l'intérêt de cet ordre, si dans celui non moins sacré de la dignité, de la prépondérance de la patrie, car les États comme les individus doivent faire rayonner autour d'eux les idées de justice et de progrès, si, dis-je, la France, chaque année, enlève quelques-uns de ses jeunes laboureurs à la terre, c'est pour les lui rendre bientôt plus éclairés, plus instruits et plus habitués surtout à ce respect hiérarchique, sans lequel il n'y a pas plus de gouvernement possible dans la ferme que dans l'Etat.

Nouvelles machines agricoles. — Grand crible. — Barattes à aubes. — Charrues sarcleuses. — Concasseurs. — Râteaux à cheval. — Semoirs. — Batteuses. — Depuis que la mécanique est venue prêter son concours à l'agriculture, nous avons vu apparaître d'abord le grand crible, qui épargne l'ancien travail si pénible du crible à bras ; puis la baratte à aubes et à manivelle, qui remplace la baratte à pilon, puis les charrues sarcleuses, puis les concasseurs, enfin les râteaux à cheval, les semoirs mécaniques, les batteuses, sont aujourd'hui à l'ordre du jour, et se trouvent déjà chez quelques riches propriétaires-cultivateurs ; mais un instrument agricole ne remplit véritablement son but que lorsqu'il est généralement répandu : nous appelons donc de tous nos vœux le moment où chaque ferme sera munie de ces machines, seulement qu'on nous permette, à nous indigne, quelques réflexions.

Il faudrait des machines construites en vue des petites exploitations de la plaine. — Il nous semble que les diverses machines agricoles sont d'un prix excessif, et que l'inventeur breveté s'occupe beaucoup plus des moyens de réaliser une fortune rapide, que des services que sa machine peut rendre à l'agriculture.

Nous l'avons déjà dit, en France et surtout dans le Calvados, il ne faut pas prendre exemple sur l'Angleterre, où les fortunes territoriales sont considérables ; et une machine, quelle qu'elle soit, n'aura de chance d'être généralement employée, que lorsqu'elle sera d'un prix modéré et à la portée de tous. Je sais bien qu'on répondra que pour les opérations compliquées du fauchage et du battage, il faut un mécanisme considérable ; eh bien ! c'est à simplifier ce mécanisme qu'il faudrait que s'appliquassent les gens du métier ; d'ailleurs, plus une machine se perfectionne, plus elle se simplifie, comme aussi plus elle diminue de prix, plus l'usage s'en répand. *Il faudrait tâcher de faire des machines en vue des petites exploitations ;* ainsi une machine à battre qui coûte 16 à 1,800 fr. peut battre, avec un manége à deux chevaux, en moyenne 400 gerbes par jour. Qu'on nous donne pour 8 à 900 fr. une machine semblable, mais de moitié moins puissante, et elle sera bien vite d'un usage général chez nos cultivateurs de la plaine ; car la machine à battre est celle dont le besoin se fait le plus sentir.

Suppression du battage au fléau. — Le battage au fléau, dont l'origine remonte à huit siècles, outre qu'il est extrèmement pénible, lent, qu'il laisse dévorer d'énormes quantités de blé par les souris, coûte encore très-cher, et est certainement une des charges les plus lourdes du cultivateur.

La seule objection qu'on fasse, est que la paille fraîchement battue est mieux mangée par les bestiaux ; mais avec des prix réduits, chaque fermier pourrait avoir sa machine, et s'en servir au fur et à mesure de ses besoins.

Reste la question des batteurs, qui n'ont dans l'hiver que cette occupation pour vivre : cette question est grave sans doute, mais elle ne suffit pas pour arrêter la destruction d'une pratique aussi arriérée et aussi vicieuse.

Certes, il aura bien mérité de l'agriculture, celui qui trouvera le moyen d'occuper fructueusement pendant l'hiver, à la ferme, l'ouvrier agricole.

Mais dans l'état actuel des choses, ce problème est encore insoluble ; car aujourd'hui même nous avons souvent le regret de voir les domestiques assemblés oisifs, de longues heures, lorsque le temps est trop mauvais pour travailler dehors. Et à propos de ce temps perdu, qu'on me permette encore une observation.

Le fermier qui posséde 15 à 20 chevaux dans ses écuries dépense annuellement pour le raccommodage de ses harnois une somme considérable. Car ces harnois, sans cesse exposés à la pluie et aux efforts de traction, ont besoin de soins continuels. Eh bien ! pourquoi le grand valet n'apprendrait-il pas à faire au moins les raccommodages plus simples ? Ce serait l'affaire de quelques jours, et une petite réparation empêche souvent une entière destruction. Pourquoi, dans les concours, ne donnerait-on pas une prime au valet de ferme, qui, par son industrie, pourrait, pendant le séjour forcé à la ferme, utiliser ses moments ? Je soumets cette pensée aux hommes compétents.

7° DES ASSOLEMENTS. — Varier les cultures de manière à obtenir de la terre, avec le moins de frais, le plus de rendement possible, tout en évitant l'épuisement du sol ; tel est le but des assolements.

Comme les terres de la plaine ne sont pas toutes de même valeur, on comprendrait très-bien que leurs produits ne fussent pas les mêmes, et cependant telle est la puissance de l'exemple, qu'aujourd'hui bonne et mauvaise terre sont soumises, à peu de choses près, au même genre de culture : ainsi,

dans le canton de Douvres, c'est, 1re année, Colza, 2e blé, 3e Colza, 4e blé avec sainfoin, 5e, 6e sainfoin, 7e blé, 8e Colza, 9e blé.

Idem de Creully,
Idem de Tilly-s.-Seulles,
Idem de Caen,
} même assolement que Douvres.

Idem de Troarn, c'est, 1re année, blé, 2e Colza, 3e blé, 4e, 5e foin ou trèfle commun dans les terres humides, 6e blé, 7e Colza, 8e blé, 9e foin.

Idem de Bourguébus, c'est, 1re année, blé, 2e Colza, 3e blé, 4e, 5e foin, 6e blé, 7e Colza, 8e blé, 9e avoine ou orge.

Idem d'Evrecy, c'est, même assolement.

Idem de Villers-Bocage, c'est, 1re année, blé, 2e jachère, 3e Colza, 4e blé, 5e avoine, 6e orge, 7e, 8e, 9e sainfoin.

L'assolement alterne tend à remplacer partout l'assolement triennal d'autrefois. — *Abus des cultures épuisantes.* — Ainsi, comme on le voit, l'assolement alterne tend partout à remplacer l'assolement triennal de l'ancienne culture ; mais il y a plus, quelques cultivateurs, stimulés par le gain, se sont laissés entraîner à faire Colza sur Colza jusqu'à trois années de suite. Lorsqu'ils ont donné chaque année une forte fumure avec addition de tourteaux et qu'ils ont d'ailleurs opéré sur de bonnes terres, bien profondes en terre végétale ; le succès, il faut le dire, a été complet et leurs récoltes ont présenté de magnifiques résultats ; néanmoins, et malgré le fameux *audaces fortuna juvat,* comme cette pratique agricole est contraire à une des plus grandes lois de la culture, l'alternance des récoltes, nous pensons qu'on ne doit l'accueillir qu'avec une extrème réserve ; bien plus, et quoi qu'en disent de très-belles apparences, nous avons déjà constaté certains symptômes qui doivent faire réfléchir le cultivateur qui ne regarde pas seulement à ses pieds, mais qui plonge dans l'avenir un regard prévoyant.

Ainsi qu'on parcoure les champs, qu'on examine attentivement les récoltes des cultivateurs qui abusent des cultures épuisantes, et voici ce qu'on y remarquera :

Belles apparences en vert. — Au printemps les Colzas sont magnifiques, chaque pied bien enfoncé dans la terre étale au-dessus de cette terre ses larges feuilles d'un vert sombre, de même les blés sont très-épais et très-noirs, en un mot, ces récoltes en vert ne laissent rien à désirer.

Rendement moindre en grain et en graine. — *Malgré beaucoup d'engrais.* — Quand les plantes ont pris tout leur accroissement, la floraison très-belle réunit encore toutes les apparences d'une grande vigueur ; mais le moment de la récolte arrive ; et c'est alors seulement que la vérité se fait jour ; c'est alors seulement qu'on remarque que les siliques sont moins remplies de graine de Colza, que les épis de blé sont moins garnis, que le grain est moins lourd que celui qui vient sur des terres livrées à une rotation moins rapide de cultures épuisantes. C'est en vain que la théorie répond que par l'engrais on redonne à la terre le carbone, l'hydrogène, l'oxygène, l'azote, les acides carbonique, phosphorique, sulfurique, le chlore, la silice, la chaux, la magnésie, l'oxyde de fer, l'alumine, la potasse et la soude que le blé et le Colza vont lui enlever ; le fait est là qui proteste et qui montre, dans les terres qui touchent à celles-ci, une récolte en Colza ou en blé, moins forte, moins brillante peut-être, mais en réalité plus fructueuse ; quoique ces terres soient moins bien labourées, moins bien fumées, et uniquement parce qu'elles se sont reposées tous les quatre à cinq ans dans des jachères-fourrages.

8° CULTURE. — Nous suivrons, dans l'étude des diverses récoltes de la plaine, l'ordre que nous avons vu régner dans ses principaux assolements ; c'est-à-dire, Colza, blé, sainfoin, trèfle, avoine, orge, racines.

A. *Colza*. — L'introduction du Colza dans la plaine de Caen y a sauvé l'agriculture en proie à une langueur désespérante. C'est, en effet, à partir de cette époque, qui ne remonte pas au-delà du commencement de ce siècle, que cet art providentiel est entré dans la voie de progrès et de prospérité qu'il parcourt aujourd'hui avec tant d'éclat.

Premiers essais. — Tout d'abord, on le comprend, ce ne furent que de timides essais ; en automne, on préparait quelques planches de terre, puis on semait le Colza à graine perdue, on hersait et on laissait venir : la plante levait presque toujours très-épaisse, et à cause de ce tassement même, elle était haute de tige et maigre ; enfin l'hiver arrivait, et, chose remarquable, tant que la température était sèche et froide, le Colza en souffrait peu ; mais si, après une épaisse couche de neige, il survenait un dégel qui abreuvât les terres et la plante d'humidité, puis une forte gelée, alors la plupart des tiges prenaient une teinte jaune, maladive, et beaucoup même succombaient.

Ces hautes tiges offraient encore un autre désavantage, c'est que lorsque l'hiver se prolongeait, les oiseaux de toute sorte, et principalement les corbeaux, et les alouettes les attaquaient pour en manger la moelle.

Perfectionnements. — De 1820 à 1830, on vit un commencement de progrès se réaliser ; on eut la pensée de semer le Colza

en pépinière, puis de le replanter ensuite dans une autre terre
bien préparée et bien fumée, seulement on couchait le plant
à toute raie dans les sillons que traçait la charrue. Enfin, il y a
15 à 20 ans surgit le dernier perfectionnement apporté à cette
culture, et aujourd'hui sans exception, non-seulement on sème
clair son Colza, en pépinière, sur une terre très-fumée, afin
d'avoir de belle plante, mais encore on le pique de deux raies
en deux raies avec 25 à 30 centimètres de distance entre chaque
pied, puis dès les premiers beaux jours on détruit l'herbe au
moyen de la petite charrue à herse et du ratissoir ; on renou-
velle cette opération une ou deux fois, puis enfin on butte avec
la charrue à double versoir.

Les terres de la plaine sont de véritables terres à Colza. —
Nous l'avons déjà dit, la plaine de Caen est la véritable patrie
du Colza ; ses terres en général profondes, légères, onctueuses,
riches en humus, se prètent admirablement au développement
de cette plante; aussi, en parcourant vers le mois de mai ces
riches contrées, ces vastes plaines légèrement ondulées, et
couvertes, ici, de superbes champs de blé, là, de riches pièces
de Colzas, plus loin, de magnifiques carrés de trèfle rouge, ou
de sainfoins en fleur, est-il impossible de n'ètre pas saisi d'un
sentiment d'admiration pour l'agriculture qui a su forcer la
terre à produire de telles récoltes, d'un sentiment de recon-
naissance pour Dieu qui s'est fait le collaborateur de l'homme
dans ce miracle de végétation ! car il ne faut pas que l'homme
jamais l'oublie, il laboure la terre, il y dépose la semence,
mais c'est la grande cause créatrice qui la fait germer. « *Je
le pansan, et Dieu le guarit,* » disait au XVe siècle Ambroise
Paré, le restaurateur de la chirurgie française.

Quantités d'hectares cultivés par canton. — Il est assez difficile d'évaluer au juste à combien d'hectares par canton se
montent les terres livrées chaque année à la culture du Colza,
car ces quantités varient nécessairement sous l'influence d'une
foule de causes; cependant, il est une moyenne qui doit appro-
cher très-près de la vérité, c'est celle que nous prendrons
après avoir parcouru, en 1857 et 1858, les différents cantons

de la plaine, et pris sur place des renseignements précis sur les différentes récoltes.

1º Dans le canton de Bourguébus, dont les terres qui touchent à celles de Caen, sont seules favorables à cette culture, sur une contenance totale de 12,885 hectares, le Colza en occupe environ 1,600 hectares ou un huitième.

2º Dans les cantons de Caen, d'une contenance de 6,800 hectares, il est livré à la culture du Colza, année moyenne, de 15 à 1,600 hectares, c'est-à-dire un peu moins du quart des terres labourables.

3º Dans le canton de Creully, dont les terres labourables comptent 11,309 hectares, la culture du Colza s'étend sur 3,760 hectares ou le tiers.

4º Dans le canton de Douvres, comprenant une superficie labourable de 8,431 hectares, il se cultive, année moyenne, 2,800 hectares ou le tiers de la totalité des terres.

5º Dans le canton d'Évrecy, sur une contenance de terres en labour de 8,125 hectares, on peut évaluer la quantité occupée par le Colza à 2,088 hectares, ou environ le quart de l'étendue totale des terres.

6º Dans le canton de Tilly-sur-Seules, les terres labourables, sur une contenance de 9,850 hectares, en ont environ 1,650 ou un sixième seulement d'occupées par le Colza.

7º Dans le canton de Troarn, dont la superficie totale de 19,762 hectares se réduit à 12,644 hectares de terres labourables, le reste concourant à former une partie des prairies de la Vallée-d'Auge, le Colza occupe une étendue de 3,000 hectares, c'est-à-dire un peu moins du quart.

8º Enfin, dans le canton de Villers-Bocage, sur 10,707 hectares de terre labourable, le Colza en couvre, année moyenne, 1,520 hectares ou un huitième du territoire.

Le Colza est cultivé dans chaque canton en raison de l'excellence de ses terres. — Ainsi donc, pour nous résumer en quelques mots, le Colza occupe le tiers des terres des cantons de Douvres et Creully, le quart dans les cantons de Caen, Troarn, Evrecy; le sixième dans celui de Tilly-sur-Seulles, et enfin le huitième dans les cantons de Villers-Bocage et Bourguébus. C'est-à-dire que de même que nous avons vu, dans le département, la plaine de Caen à la tête de la production du Colza, à cause de l'excellence de ses terres arables, de même aussi nous voyons cette plante cultivée dans chaque canton, en raison de la supériorité relative de son sol.

Rendement. — Le rendement du Colza varie extrèmement, d'abord de l'année présente à l'année qui la suit, puis de canton à canton ; de plus, il est hors de doute pour toute personne qui observe attentivement les choses, que le rendement général de cette précieuse graine, abstraction faite de toute influence territoriale, atmosphérique, maladive, etc., etc., va chaque année en diminuant, aussi aujourd'hui pour réussir, il faut donner à la terre beaucoup plus de soins, et surtout beaucoup plus de fumier qu'autrefois : et ces soins, et ces engrais, deviendront d'une nécessité d'autant plus rigoureuse, que la culture du Colza reviendra plus fréquemment sur la même terre.

Nous avons en ce moment sous les yeux deux pièces de terre plantées en Colza, qui sont la démonstration vivante de ce que nous avançons ; ces pièces sont contiguës, de même qualité, et appartiennent à deux cultivateurs différents, l'un , qui possède d'abondants fumiers qui lui viennent de vingt-cinq à trente bœufs, que chaque hiver il nourrit dans sa cour de ferme, avant de les envoyer dans ses herbages, a fait Colza sur Colza trois années consécutives, et il faut le dire, grâce à une triple fumure, le Colza de 1858 est encore supérieur à celui des autres années ; l'autre, qui laboure bien aussi, mais qui ne met d'engrais qu'avec parcimonie, a voulu imiter son heureux voisin, et il a fait aussi Colza sur Colza trois années consécutives. L'année dernière, sa récolte était déjà très-médiocre, mais cette année 1858, nouvel Icare, il est complétement tombé, et plutôt que de laisser une pièce de Colza, dont le quart de la plante avait manqué à l'hiver, et dont le reste était chétif et comme arrêté dans son développement, il a préféré retourner la terre.

Voici du reste, année moyenne, le rendement du Colza dans chaque canton :

Caen..	}	20 à 27 hectolitres par hectare.
Douvres..		
Creully..	20 à 24	— —
Troarn.	18 à 25	— —
Tilly-sur-Seulles.. .	15 à 18	— —
Villers et Bourguébus.	15 à 16	— —

Maladie du Colza. — Depuis quelques années, on remarque des taches plus ou moins foncées sur les tiges et sur les siliques des Colzas, taches presque toujours accompagnées de petits trous, encore béants ou déjà cicatrisés ; de plus, les pieds de Colza ainsi attaqués revêtent une teinte jaune paille qui décèle une souffrance ayant sa source au principe même de la vie ; jusqu'à ces dernières années, peu de pieds étant atteints, le dommage était peu sensible, mais depuis trois à quatre ans, cette affection, faisant de rapides progrès et menaçant de compromettre l'avenir de cette culture, il est du devoir de chacun d'apporter le tribut de ses observations, afin de connaître, combattre et détruire ce mal. Les observations ne sont-elles pas d'ailleurs les pierres avec lesquelles on construit l'édifice des sciences.

Quelle est la nature de cette maladie ?

Quelles sont ses causes occasionnelles ou déterminantes ?

Questions difficiles à résoudre pour le Colza comme pour beaucoup d'autres végétaux ! Car ce n'est pas une vaine allégorie que celle qui a placé la vérité au fond d'un puits. Pour la rencontrer en toutes choses, il faut souvent creuser péniblement et à une grande profondeur, et ne se pas contenter de remuer du doigt la surface du sol.

La maladie du Colza est un travail de désorganisation occasionné d'abord dans la tige, par des vers qui en rongent la moelle. — C'est aussi parfois un arrêt de développement sans doute dû aux influences atmosphériques. — Si on entre dans une pièce de Colza, et qu'on en examine les pieds, on ne tarde pas à s'apercevoir qu'il en est quelques-uns qui offrent à la surface de leurs tiges de légères érosions blanchâtres, quelquefois plus foncées, avec une ou deux petites ouvertures ombiliquées, situées le plus souvent à la base des rameaux. Si on ouvre cette tige, on trouve inévitablement à l'intérieur la moelle plus ou moins détruite, et remplacée par une espèce de matière rougeâtre, ressemblant beaucoup à de la sciure de bois, et même, si l'altération est plus profonde et plus ancienne, par un détritus noirâtre, véritable ulcère gangréneux. Enfin, au milieu de ces désordres pathologiques, apparaît toujours un certain nombre de vers à corps blanc, luisants, et à tête rouge, large, bosselée et paraissant, à la loupe, armés de deux mâchoires latérales, très-puissantes, et sans cesse en activité.

Ainsi, des vers, un travail de destruction occasionné par ces vers, puis, comme conséquence, l'arrêt de développement de la plante ; telle serait, à première vue, la maladie qui attaque le Colza [1].

Le vers doit prendre naissance à l'extérieur de la plante, sous des influences atmosphériques et autres que nous allons examiner ; puis il monte à cette tige, l'attaque en différents endroits (érosions de la tige), jusqu'à ce qu'il puisse pénétrer dans son intérieur ; une fois là, il brise les alvéoles du tissu cellulaire, aspire la séve, et chemine dans l'intérieur en dévorant la moelle, et la transformant en cette matière rougeâtre dont nous avons parlé. Si il y a plusieurs vers, très-souvent chacun d'eux occupe une région différente et séparée l'une de l'autre par des intervalles sains.

Lorsque la moelle est détruite et que l'intérieur de la tige est tout à fait creux, la plante, profondément troublée dans sa vitalité, languit et prend cette teinte jaune paille qui, chez l'homme comme chez le végétal, est le trait caractéristique de toute affection organique.

Si cette altération a lieu dès le printemps et d'une manière très-prononcée, c'est-à-dire si la tige est comme farcie par les

---

[1] Nous avons trouvé cette année les mêmes vers blancs à tête rouge, dans l'intérieur de la tige des choux d'Ingreville, vulgairement appelés *choux prompts*. Sur un carré de 400, 50 de ces choux étaient atteints, et comme le Colza, ils étaient facilement reconnaissables à leur teinte jaune, à leur arrêt de développement ; ils ne *pommaient* pas.

vers, 25 à 30, ainsi que nous en avons compté sur certains pieds malades, la plante subit un arrêt de développement, la tige, au lieu d'un mètre 20 à 1 m. 50 c. quelle atteint habituellement, reste à 30 ou 40 c. de hauteur ; son chevelu diminue, son écorce durcit et devient ligneuse, sa floraison se fait avec peine et d'une manière très-imparfaite ; enfin ses siliques, habituellement alternes de chaque côté des rameaux, sont toutes disposées en bouquet à la partie supérieure de la tige[1] ; en un mot, il y a atrophie de la plante, *encabotement,* comme disent les cultivateurs.

Si au contraire le mal est moins précoce, si la plante a déjà acquis un certain développement lorsqu'elle est attaquée, la croissance des branches et des siliques semble ne pas d'abord ressentir l'influence des graves désordres qui minent la tige, mais plus tard, quinze jours environ après, nous avons retrouvé sur les pieds à tige malade, une foule de siliques renfermant un plus ou moins grand nombre de petits vers à peine visibles à l'œil nu. Ces vers blancs, luisants, sont de même nature que ceux que nous avons vus dans les tiges, et ils traitent la graine comme leurs aînés ont traité la moelle.

Il se forme aussi, dans les siliques, des vers qui sucent la graine et arrêtent son développement. —D'où viennent ces myriades de petits vers ? Où se sont-ils formés ? Evidemment dans la silique, et ils ne sont bien probablement que l'éclosion d'œufs déposés antérieurement dans les Colzas en fleur.

Causes occasionnelles et déterminantes. —Maintenant que nous avons vu les principaux symptômes par lesquels se traduit la maladie, examinons quelles sont les causes occasionnelles et déterminantes qui semblent favoriser son développement.

Ces causes sont :

1° Les variations atmosphériques ;

2° La mauvaise constitution des plantes ;

3° L'emploi exagéré des engrais artificiels ;

4° Le retour trop fréquent du Colza sur la même terre ;

[1] D'autres fois la partie supérieure de la tige nepouvant s'élancer, sous l'influence d'une cause morbide inconnue, se contourne sur elle-même en s'élargissant, et présente la forme d'une véritable crosse d'évêque.

. 5° Enfin l'emploi d'une graine venue sur des pieds déjà atteints de la maladie.

1° VARIATIONS ATMOSPHÉRIQUES.

Tout le monde sait que les fibres et les liquides des végétaux sont susceptibles, comme ceux des animaux, de se relâcher et de se dilater sous l'influence d'une chaleur humide, comme aussi ils ont la propriété de se retracter et de se condenser sous un brusque abaissement de température.

Or, il n'est pas difficile de comprendre que sous l'action de ces rapides changements, la séve des plantes doit éprouver de grandes perturbations, et par suite occasionner de graves désordres dans les fonctions vitales, plus encore dans le Colza que dans tout autre végétal, car la circulation des liquides y est énorme, et parce qu'il offre d'ailleurs à l'action de l'air de très grandes surfaces.

En 1857, où les diverses maladies du Colza ont détruit du cinquième au quart de certaines récoltes, les mois d'avril, mai et juin furent remarquables par les brusques variations de température.

Ainsi, alors que les Colzas commençaient à végéter, il survint douze jours de pluies presque continuelles, qui détrempèrent les terres, puis un vent de nord-est et de nord-ouest, très-arides, qui refroidirent brusquement l'atmosphère et desséchèrent la surface des terres. Sous l'influence des pluies et d'un temps doux, les engrais délayés furent mis en totalité au service de la plante, et le Colza poussa vigoureusement ; mais lorsque survinrent les vents de nord et la sécheresse, la terre se prit en croûte à la surface, la séve fut refoulée, et beaucoup de Colzas devinrent malades, *encabotèrent*, surtout dans les petites terres, ou dans celles qui péchaient par insuffisance d'engrais.

Il est remarquable aussi que les pièces qui se trouvent dans des bas-fonds humides, ombragés par des haies, offrent de bien plus nombreux cas de maladies que celles qui sont placées dans des conditions opposées ; la lumière et la pureté de l'air sont donc dans les végétaux comme dans les animaux, quoiqu'à un moindre degré, des conditions de santé et de vie : *Aer ut vitœ, sic et morborum ausa* (Hyppocrate, *de l'Air, de la Terre et des Eaux*, p. 131).

2° MAUVAISE CONSTITUTION DES PLANTES.

Lorsqu'on parcourt les champs, qu'on examine les différentes pièces de Colzas, et qu'on remarque : 1° que les uns sont forts, vigoureux, que leurs tiges sont grosses, que leurs feuilles, d'un vert foncé, sont larges, tombantes, et que du collet de ces feuilles il part une jeune pousse qui, bientôt tige elle-même, donnera naissance à une troisième génération ;

2° Que les autres, au contraire, sont faibles, languissants, à tige mince, élancée, à fleurs précoces ; que leurs feuilles étroites, d'un vert tendre, sont presque verticales, et que du collet de ces feuilles il ne sort qu'un bouton sans vigueur ;

Il est impossible de ne pas établir entre ces plantes la même distinction de tempérament que celle qui existe entre les êtres d'un degré supérieur dans l'échelle de la création.

Au reste, plus on étudie cette création, et plus on demeure convaincu que la nature emploie souvent les mêmes lois dans des règnes différents, et que si ces lois ne sont pas plus facilement saisies, c'est qu'elles sont masquées, et par la différence des milieux où vivent ces êtres, et par la différence de leurs organes. *Natura non faxit saltus*, a dit Linnée.

Constitution pléthorique. — Constitution anémique. — Ainsi, au Colza de la première catégorie, à celui en qui circule une sève riche, abondante, et qui colore en vert sombre ses magnifiques tiges, nous donnerions volontiers l'épithète de *pléthorique;* tandis que celle d'*anémique* pourrait être logiquement appliquée à ce Colza de la seconde catégorie, en qui l'apparence chétive décèle une séve pauvre, aqueuse, en un mot, une séve privée des sels qu'un engrais fortement animalisé, un engrais riche en ammoniaque, fournit seul à la plante.

Dans le règne végétal comme dans le règne animal, les sujets les plus débiles sont toujours le plus facilement atteints par les causes morbides. — Maintenant si nous poussons plus loin notre parallélisme, nous verrons encore l'art vétérinaire, admettant généralement que les animaux les plus débiles, les plus lymphatiques, les plus *anémiques* enfin, sont ceux aussi qui contractent le plus facilement les maladies produites par les parasites ; chez l'enfant même, n'est-il pas d'observation que ce sont ceux-là qui ont le teint pâle, le ventre gros, la face bouffie, qui sont atteints, en un mot, d'affections gastro-intestinales chroniques, en qui se développent ces quantités quelquefois effrayantes de vers intestinaux ?

Or, pourquoi n'en serait ll pas de même dans les végétaux ? Pourquoi les Colzas mal constitués, ceux en qui circule une séve mal élaborée ou ne réunissant pas tous les éléments nécessaires à une saine végétation, ne seraient-ils pas aussi ceux qui seraient le plus facilement atteints ?

3° EMPLOI EXAGÉRÉ DES ENGRAIS ARTIFICIELS.

Les cultivateurs qui font beaucoup de Colza ne pouvant suffire aux fumures de leurs terres avec le seul fumier de la ferme, sont forcés d'employer des engrais artificiels ; de ces engrais, les plus répandus sont les tourteaux, le guano, la poudrette ; les tourteaux surtout sont très-employés et très-estimés dans la plaine, et je connais plusieurs exploitations où son achat absorbe chaque année le cinquième et même le quart du prix total de la vente de la graine.

L'emploi des tourteaux est très-commode et ne dérange en rien les habitudes du cultivateur (circonstance qui n'a pas peu contribué à sa vogue ; de plus il satisfait pleinement la théorie, puisqu'il redonne à la terre une partie des principes que le Colza lui a enlevés ; enfin son action, très-rapide, très-puissante, se caractérise surtout par l'impulsion qu'il donne à la pousse en vert ; et cependant, si la terre n'est pas nourrie d'une suffisante quantité de fumier, engrais type, engrais que nul autre ne peut remplacer, parce que par sa composition à la fois végétale et animale il réunit d'une manière complète les éléments nécessaires à la végétation de toutes les plantes, bientôt la terre s'épuise, et la récolte, malgré une belle apparence, ne donne plus en graine ce qu'elle promettait en vert.

Expérience relative à l'action des engrais végétaux et animaux sur le Colza.—Nous avons fait cette année une petite expérience comparative sur l'action des différents engrais sur le Colza.

Ainsi nous avons, dans un champ qui avait déjà reçu une demi-fumure, répandu huit tourtes de Colza sur 2 ares de terre, puis, sur deux autres ares contigus, nous avons également répandu 6 litres de purin de latrines, coupé de 18 litres d'eau ordinaire.

Le Colza tourté a toujours été plus fort, plus garni de feuilles que celui où avait été répandu l'engrais liquide, mais quand ils ont été en graine, j'ai bientôt constaté ce que la théorie m'avait déjà prédit.

Le Colza tourté n'avait que la partie supérieure de ses rameaux garnie de siliques, encore ces siliques étaient-elles petites, courtes et peu remplies, tandis que la section d'à côté avait ses nombreuses branches littéralement chargeés de siliques grosses, longues et bosselées dans toute leur étendue par la graine.

On peut donc regarder comme certain que l'engrais de tourteaux fait considérablement pousser en vert, tandis que l'engrais animal est d'une puissance infiniment plus grande pour la production du grain.

Mais il y a plus, et l'expérience le démontre chaque année sous nos yeux, les Colzas principalement nourris de tourteaux ont été aussi les plus ravagés par la maladie.

Qu'on parcoure nos campagnes aux mois de mai et juin, et on distinguera facilement les Colzas fumés des Colzas tourtés, les premiers sont plus foncés, mûrissent moins vite, et présentent beaucoup moins de pieds malades ; nous prenons bien entendu pour sujet d'étude, d'un côté comme de l'autre, des champs bien cultivés et suffisamment pourvus d'engrais.

4° RETOUR TROP FRÉQUENT DU COLZA SUR LA MÊME TERRE.

La plus puissante des causes prédisposantes à la maladie du Colza, est certainement celle qui prend sa source dans le retour trop fréquent de cette plante sur la même terre ; ainsi, l'année dernière, j'ai vu des champs bien portants enclavés raies à raies entre des pièces extrêmement malades ; je dois dire même que les champs de Colza atteints, étaient d'une aussi belle venue que ceux restés sains, mais seulement, et c'est là le point capital, les pièces ravagées étaient à leur sixième récolte depuis dix ans, tandis que le champ épargné n'avait pas porté de Colza depuis huit années.

Je dois cependant dire que sur un terrain neuf, sur un défrichement de haie, j'ai constaté quelques pieds malades, mais qui nous dit alors que ce n'était pas la graine semée qui déjà portait en elle le germe de la destruction ?

Dieu en créant l'univers y a répandu une force qui, supérieure aux lois qui régissent la matière inorganique, se fait sentir jusque sur les plus petites particules des corps organisés ; cette force, on l'a appelée *vitale*, parce que c'est d'elle que découle la vie ; mais pour exercer son action, pour se manifester, cette force vitale a besoin d'un germe primitif : ce germe dans les végétaux, c'est la graine ; la graine, sous l'influence de la force vitale, va donc donner naissance à un être offrant non-seulement les mêmes caractères d'espèce, *mais encore les mêmes qualités, et surtout les mêmes défauts de constitution* que celui dont il est sorti.

Or, il n'est pas difficile de comprendre que si un pied de Colza est atteint de maladie, la graine qui viendra sur ce pied participera, et cela à un degré même plus élevé que toute autre partie de la plante, en raison de son excellence, à cette altération, à ce vice de constitution.

Quel est le remède à apporter à cet état de choses ?

1° Nous ne pouvons rien sur les variations atmosphériques, seulement il faut éviter de placer ses plants de Colza dans des pièces humides et ombragées.

2° En préparant sa terre à Colza, il faut tâcher d'ajouter à chaque récolte un peu de terre nouvelle à la couche arable.

3° Il est bon de renouveler ses graines assez souvent, car il est remarquable qu'en Colza comme en blé, la semence nouvellement introduite fait toujours merveille ; ainsi il est notoire que cette année où un quart et même un tiers des Colzas sont malades, l'espèce dite russe, depuis moins longtemps introduite chez nous, a offert moins de désordres que le Colza dit à parapluie.

4° Il est essentiel d'employer de préférence et en plus grande quantité possible, le fumier, et de se montrer très-sobre d'engrais artificiels.

5° Il est indispensable d'alterner le Colza avec une autre culture, et de ne jamais laisser passer une période de six années sans laisser les terres plantées en sainfoin.

6° Enfin, que les vers se forment dans la terre, sur la plante ou dans les siliques, toujours est-il que leur présence est le signal de graves désordres, et que si on pouvait empêcher leur formation, on arrêterait du même coup le mal à sa source. Eh bien, nous pensons que pour atteindre ce but, le moyen le plus efficace est l'emploi de la chaux dans les terres à Colza.

Que le cultivateur consacre donc au chaulage de ses terres une petite portion des grosses sommes qu'il emploie chaque année à l'achat des engrais artificiels, et cette précieuse substance, qui déjà dans les terres humides brûle les mauvaises herbes, échauffe et ameublit le sol, empêchera peut-être aussi la formation des vers. C'est une expérience à faire, mais dans tous les cas elle est rationnelle, et non d'ailleurs sans utilité pour la récolte du blé à venir.

Avant de terminer les observations que j'ai pu faire sur la funeste maladie du Colza, je ne dois pas taire un fait qui m'a frappé cette année, c'est que tandis que nos meilleurs Colzas de la plaine étaient plus ou moins gravement attaqués, tous ceux de la zone qui touche immédiatement au rivage de la mer, depuis Lion jusqu'à Bernières, n'offraient aucune trace de maladie. A quoi tient cet heureux privilége ?

Est-ce parce que ces terres très-morcelées, et habituellement livrées à la petite culture, ne sont point encore saturées, pour ainsi dire, de Colza ?

Est-ce parce qu'on y répand à profusion chaque année des engrais de mer ?

Est-ce parce que touchant au rivage, les émanations salines se répandenti ncessamment sur ces terres ?

Quoi qu'il en soit, en face de ce fait, il est bien difficile de se défendre d'attribuer au sel marin une action préservatrice, et s'il en est ainsi, cette action viendrait corroborer notre opinion relativement à l'utilité de la chaux, dans les terres à Colza, comme parasiticide.

B. *Blé*.—Toutes les forces créatrices accumulées dans le sol et dans l'air, tous les efforts de la science et de l'art agricoles, ont pour fin, pour but suprème la production *du grain de Blé ;* c'est pour arriver à la formation de cette substance alimentaire, qui résume toutes les autres, et qui par elle seule peut suffire à la nourriture de l'homme, que la terre s'approche chaque année du soleil pour en recevoir la chaleur fécondante ; c'est pour elle encore que les Océans envoient sur terre leurs eaux purifiées ! Enfin le grain de blé est au règne végétal ce que l'homme est au règne animal, c'est-à-dire que par sa transsubstantiation en notre chair, il participe jusqu'à un certain point de notre nature physique.

Couvrir le sol de blé, donner à l'homme son pain quotidien, est donc une mission providentielle qui a toujours été encouragée et honorée dans tous les temps, comme par tous les peuples. Toutes les autres récoltes, quelque fructueuses qu'elles soient ne sont qu'accessoires et destinées à lui préparer la voie ; aussi le véritable criterium des progrès de l'agriculture dans un pays, consiste-t-il dans l'augmentation du produit de ses céréales.

Toutes les espèces de terre de la plaine de Caen sont aptes à produire de bon blé ; cependant il est d'observation que si celles du littoral donnent plus de gerbes, en revanche, les terres fortes situées entre l'Orne et la Dives donnent un épi plus lourd. Il en est encore de même pour toutes nos terres de la seconde catégorie (terres caillouteuses).

Quantité d'hectares cultivés. — Dans le canton de Douvres, en général composé des terres que nous avons rangées dans la première et la seconde classe, la quantité consacrée au blé est, année moyenne, de 3 000 hectares, ou à peu près le tiers des terres cultivées.

Dans le canton de Creully, dont les terres argilo-silico-calcaires sont en général excellentes, la quantité consacrée à la culture du blé est d'environ 4 700 hectares, ou un peu plus du tiers de la totalité des terres arables.

Dans le canton de Tilly-sur-Seulles, terres en général fortes à fond d'argile, les terres à blé comprennent presque la moitié des terres labourables.

Dans le canton de Villers-Bocage, terres médiocres, on trouve environ 3 500 hectares de terres à blé, ou le tiers de la totalité des terres.

Dans le canton d'Évrecy, dont les terres sont légères, calcaires (2e classe des terres de la plaine), on trouve 3 763 hectares de blé, ou environ la moitié des terres cultivées.

Dans le canton de Bourguébus, dont les terres qui touchent au territoire de Caen sont excellentes, mais dont toutes celles qui se trouvent au sud et à l'est de la route d'Evrecy à Argences, sont de qualité médiocre, 3 400 hectares sont livrés chaque année à la culture du blé, ou environ le tiers des terres arables.

Dans le canton de Troarn, dont les terres cultivées se partagent en deux catégories bien tranchées : 1º celles de nature calcaire qui s'étendent entre Caen, l'Orne et la première hauteur argileuse de notre région de l'est ; 2º celles de nature argileuse qui s'étendent sur le versant oriental de cette même hauteur jusqu'à la vallée de la Dives ; de ces terres excellentes à blé 4 400 hectares environ sont livrés à la culture de cette céréale, ou le tiers de la totalité des terres arables.

Dans les cantons est et ouest de Caen, les terres silico-calcaires d'une grande puissance, parmi lesquelles on cite celles de Hérouville, d'Epron, de Saint-Contest, livrent annuellement à la culture du blé 2,400 hectares, ou le tiers de leurs terres labourables.

Ainsi tous les cantons ont à peu près le tiers de leurs terres labourables en blé, quelle que soit d'ailleurs leur puissance et leur composition.

Compost. — Les meilleurs composts à blé dans la plaine sont, 1º les sainfoins, 2º les Colzas, 3º les fourrages divers, 4º les racines.

Rendement. — Comme rendement, les blés de Colza sont certainement les premiers pour la quantité des gerbes, mais pour le grain, ce sont les blés de sainfoin qui tiennent la tête.

Les blés de la plaine aiment les terres tassées, aussi l'usage du rouleau y est-il général [1].

Autrefois c'était toujours dans les orges ou les avoines qu'on semait la graine de sainfoin ; aujourd'hui que dans la plaine ces céréales sont moins cultivées, un grand nombre de cultivateurs sèment leur sainfoin dans le blé et ne s'en trouvent pas plus mal ; la raison en est que les terres ayant reçu une fumure récente, sont moins épuisées qu'après une récolte d'orge ou d'avoine, d'ailleurs le foin, contrairement au blé, aime les terres meubles et fatiguées de labours.

Jamais de nos jours le blé ne manque dans nos terres de la plaine, tandis qu'il y a trente ans cet accident arrivait encore assez souvent, quoiqu'on mît cependant près du double de semence d'aujourd'hui ; c'est que, ne faisant pas de Colza, on fumait presque toujours avant de faire le blé, et qu'on favorisait par là la naissance d'une multitude de vers ; d'ailleurs, quel est le cultivateur qui n'a pas remarqué que le blé aime beaucoup mieux un engrais déjà incorporé à la terre, qu'un engrais récent?

Ensemencement. — Quant à l'ensemencement, il se fait encore généralement à la volée comme dans les premiers jours de l'agriculture [2]; dans les terres fortes, beaucoup de cultivateurs sèment *tout dessous*, c'est-à-dire sur la terre avant qu'elle ne soit labourée, puis ils donnent avec une petite charrue un léger labour de 4 à 5 centimètres pour recouvrir le blé.

Dans les autres parties de la plaine, on sème en général la moitié *dessous* et la moitié *dessus*, enfin il n'y a dans cette pra-

---

[1] Au rapport d'Hérodote, le sanciens faisaient fouler les champs nouvellement ensemencés par des animaux qu'on forçait à piétiner le sol.

[2] Sur les murs de plusieurs monuments de l'ancienne Egypte, notamment de celui de Beni Hassan, on voit au milieu d'autres travaux agricoles, un semeur suivant la charrue, un sac pendu au cou, ou à la main gauche, et lançant de la droite le blé à la volée.

(*Agriculture de l'ancienne Egypte*, Champollion Figeac, page 189.)

tique si importante aucun précepte, aucune régularité, et chacun se conduit selon sa propre expérience, ou plutôt selon ses habitudes, et presque tous, fermiers, cultivateurs, perdent ainsi des quantités considérables de grain, sans compter que les blés trop épais sont bien plus exposés à la *verse*, comme nous allons le voir tout à l'heure : il serait donc bien désirable que des semoirs mécaniques, simples et à la portée de tous, fussent sans cesse exposés dans les halles, afin de familiariser les cultivateurs avec eux ; combien il y en-a t-il de ces cultivateurs qui n'ont jamais entendu parler de semoirs mécaniques ? et combien d'autres qui, en ayant entendu parler, n'en ont jamais vu ?

Espèces cultivées. — Les principales espèces de blé cultivées dans la plaine sont le franc-blé, le blé chicot, et le blé à barbe ou gros blé.

Le franc-blé et le chicot sont surtout en usage dans les cantons du centre de la plaine, le gros blé sur le littoral, et dans les terres situées entre l'Orne et la Dives.

Rendement. — Il est un fait généralement admis par tout le monde, c'est qu'avant la culture du Colza dans la plaine, le rendement du blé était en moyenne de trois à quatre gerbes par are, tandis qu'aujourd'hui il est de six à sept gerbes. Voilà pour la paille ; pour le rendement en grain, la même différence se remarque encore : ainsi tandis qu'autrefois nos terres à blé donnaient de 14 à 16 hectolitres par hectare, aujourd'hui elles en rendent de 20 à 24.

Au reste, qu'on prenne des renseignements auprès de tous les fermiers, et ils répondront à peu près dans le sens de celui que nous allons citer :

« Cette ferme, située au milieu des meilleures terres de la
« plaine, contient environ 60 hectares ; mon père l'a tenue
« pendant dix-huit ans, et voilà douze ans que je lui ai suc-
« cédé ; de son temps, il faisait, année moyenne, 1 500 perches
« de Colza, moi j'en fais 2 500 à 3 000, et la quantité de blé
« que je récolte est plus considérable que la sienne, 1° parce
« que je ne laisse plus de *varets* pour faire ma plante, et que
« je la fais sur du foin, du fourrage, des pois chauds, ou du

« trèfle rouge; 2° parce que je ne cultive plus que Colza, blé
« et foin; et 3° enfin, parce que les Blés qui nous donnaient
« autrefois 3 gerbes à la perche étaient considérés comme très-
« bons, tandis qu'aujourd'hui ils me rendent 4 et 5 gerbes. Il
« faut peut-être un peu plus de gerbes au sac, mais en résumé,
« il y a plus de grain dans mes greniers........ » *Ab uno disce
omnes.*

*Maladies. — Il convient tous les cinq ou six ans de changer
ses semences.* — Les blés de la plaine ne sont pas très-sujets aux
maladies, et dans les années humides, c'est au plus si on y con-
state quelques cas de carie, nielle, ergot, etc.... Il est cependant
une mesure qui n'est pas comprise par beaucoup de nos cultivateurs, et qu'il serait bien utile de leur signaler, c'est celle de
changer leur semence tous les cinq ou six ans; le fermier soi-
gneux choisit, il est vrai, dans sa récolte son meilleur froment
pour semence, mais cela ne suffit pas, l'expérience prouve tous
les jours que le même blé, revenant sur la même terre, dégé-
nère rapidement et finit par donner des récoltes inférieures,
tandis qu'un blé de provenance étrangère réussit toujours très-
bien les premières années qu'il apparaît dans une terre. C'est
encore là, disons-le en passant, un point de similitude de plus
entre la physiologie du règne végétal et celle du règne animal.

Verse. — Maintenant, pour terminer ces réflexions sur la culture du blé dans nos contrées, disons quelques mots de l'événement le plus désastreux de nos campagnes, d'un événement qui
vient en quelques heures transformer en ruines les plus belles
pièces de blé de nos laboureurs; nous voulons parler de la
verse. Certes la grêle est un fléau bien redoutable, mais il est
heureusement rare et limité, tandis que si, pendant le mois de
juin, il survient plusieurs jours de pluie battante, il est infailli-
ble que les plus beaux blés de la zone comprise entre Caen et la
mer, l'Orne et la Seulles, seront versés, c'est-à-dire plus ou
moins couchés contre terre.

Si déjà à ce moment le blé est formé dans l'épi, il restera
maigre, et la paille seule sera mauvaise; mais si le blé est en
fleurs ou en lait, la récolte est à moitié perdue.

Causes de la verse.—Nous disons que cet accident est surtout à redouter sur les terres de la plaine situées entre Caen et la mer ; en effet, à part quelques langues de terres caillouteuses, où les blés ne versent jamais, le sol arable, très-profond, très-riche en humus, et aussi très- travaillé par la culture du Colza, n'offre plus à la plante, après quelques jours de pluie, qu'un point d'appui insuffisant ; et celle-ci, sous l'influence du vent, de l'eau, et de son propre poids, se courbe, *se laisse aller.*

Cependant le peu de consistance des terres est-elle la seule cause de la verse dans nos contrées ? Nous ne le pensons pas, et il est une autre cause prédisposante à cet accident, inhérente, croyons-nous, à la composition chimique de la tige du blé lui-même : ainsi le blé absorbe pour son développement tous les éléments contenus dans les autres plantes, c'est-à-dire l'azote, l'oxygène, le carbone et l'hydrogène ; mais de plus il a encore grand besoin pour son chaume et son grain, de sels, de silice, d'alumine, de chaux, de magnésie, de fer, de phosphates de potasse et de soude (les cendres de blé brûlé contiennent 50 p. % d'acide phosphorique). Ces sels minéraux, qui entrent en grande abondance dans la formation du squelette de l'animal, sont également ici indispensables à la consolidation du fragile édifice de la tige, et s'ils viennent à manquer dans les terres qui portent la récolte, ou à ne se trouver que dans des proportions insuffisantes, il arrivera ce qui arrive pour les os où domine la gélatine, et où manque le phosphate de chaux, c'est-à-dire qu'elles ploieront et n'auront aucune solidité.

Enfin la mauvaise habitude qu'ont nos cultivateurs de semer leurs blés trop épais, vient encore favoriser cette tendance à la verse, car plus les tiges sont pressées, et plus elles sont maigres et élancées. Cependant il est bien à craindre que tant que les semoirs mécaniques ne seront pas plus répandus, les choses ne continuent à marcher ainsi ; car le cultivateur normand est tellement ami des vieilles pratiques, qu'il est fort difficile de l'arracher à sa routine. — Sentant bien qu'il ne peut répondre d'une manière victorieuse à vos arguments, il cède, il tombe même de votre avis, vous le croyez convaincu ;

et à peine si vous l'avez quitté, qu'il recommence à faire les choses comme il les a toujours faites.

Ainsi donc les trois grandes causes prédisposantes à la verse sont : 1º des terres très-creuses et très-riches en humus; 2º des tiges de blé ne contenant pas en suffisante quantité les sels minéraux qui doivent consolider leur charpente; 3º enfin des tiges trop tassées, et par conséquent trop hautes et trop minces.

Voilà le mal, quel est le remède ? D'abord raffermir les terres en les laissant plus fréquemment et plus longtemps plantées en sainfoins, puis *les rouler* avec un instrument deux fois plus pesant que notre rouleau en bois, dont l'action est presque nulle ; puis encore redonner à nos terres les sels minéraux qui leur manquent, comme la médecine administre le fer dans certains états pathologiques où ce minéral n'est plus trouvé dans le sang en quantité normale, puis enfin semer clair et d'une manière uniforme.

La première indication se comprend d'elle-même, sans qu'il soit nécessaire d'insister.

Pour remplir la seconde, nous pensons qu'un léger chaulage exécuté tous les 5 ou 6 ans serait parfaitement approprié à la nature de nos terres, et leur redonnerait ce qui leur manque pour être de bonnes terres à blé, comme elles sont déjà d'excellentes terres à Colza. Car on s'habitue trop dans nos contrées à ne considérer la chaux que comme utile dans les terres froides et argileuses; la chaux est un ingrédient précieux partout, mais dans nos terres grasses, profondes et molles, nous sommes certain qu'elle rendrait d'immenses services, particulièrement au point de vue de la culture du blé.

Il y a une objection dans la partie nord de la plaine : il faut aller chercher la bonne chaux jusque sur les terrains du lias, qui bordent notre région de l'ouest.

Eh bien, que dans ces localités on se serve dans le même but de la tangue de Ranville, qu'on en fasse des tombes mélangées de terre pendant l'hiver, et qu'on répande ensuite ces tombes sur les terres à blé; car nous l'avons déjà dit, la tangue, outre le carbonate de chaux, renferme une certaine dose d'engrais provenant des limons de poisson, des vases, enfin des débris de matières végétales et animales, substances qui se traduisent à l'analyse chimique, par une proportion de 0, 71 d'azote pour 1 000 (Is. PIERRE, ouvrage cité).

Nous avons dit ce que nous pensons des semoirs mécaniques et des moyens de les populariser. Quant à l'ensemencement en lignes, la plus grande objection qu'on lui ait faite jusqu'ici, a été l'énorme quantité de sarcle ou mauvaises herbes que jettent entre les lignes, au printemps, nos terres échauffées par de grandes quantités d'engrais ; nous devons dire même que cette année 1858, les blés trop clair-semés, ont été envahis par d'innombrables plantes de coquelicot, qui ont beaucoup nui à leur développement, et que ceux qui étaient plus épais ont mieux réussi.

Enfin, comme dernière ressource pour prévenir la verse, les cultivateurs de nos contrées ont pris l'habitude, depuis quelques années, de couper à la faucille, et même de faire paître leurs blés, lorsqu'ils n'ont encore que vingt-cinq à trente centimètres, et qu'ils annoncent une grande vigueur ; cette pratique a donné jusqu'ici d'assez bons résultats, d'autant plus qu'elle offre ainsi quelques jours de vert aux bestiaux, avant qu'aucun autre fourrage ne soit bon à dépouiller.

C. *Prairies artificielles.*—En agriculture tout s'enchaîne et se tient ; brisez un seul chaînon, et vous neutralisez toute la puissance des autres ; ainsi il n'y a pas de récoltes sans engrais, il n'y a pas de véritables engrais sans animaux, il ne peut pas y avoir d'animaux sans fourrages ; les premières assises de l'agriculture consistent donc dans la culture des fourrages.

Les fourrages les plus répandus dans la plaine sont par ordre d'importance : 1º les sainfoins ; 2º les trèfles, appelés dans le pays pagnolée commune, et pagnolée rouge ou d'Espagne ; 3º les luzernes.

Sainfoins. — Les sainfoins qui, avec l'avoine, font à peu près exclusivement la nourriture des chevaux de la plaine, occupent les trois quarts des prairies artificielles. On sait que ces foins sont amis des terres calcaires, et qu'ils y puisent un goût excellent ; dans les terres plus profondes, ils viennent trop forts, et leurs tiges, grosses, dures, sont moins estimées ; dans les terres mouillantes à sous-sol d'argile imperméables, et qui ne sont pas drainées, ils viennent bien encore la première année, mais à la seconde, une grande partie meurt par suite de la destruction des racines dans la couche végétale saturée d'eau.

D'après la *Statistique agricole quinquennale*, voici, année moyenne, la quantité d'hectares cultivés en prairies artificielles dans chaque canton.

Cantons est et ouest de Caen. 1,097 hect. 1/6ᵉ des terres arables.

Canton de	Bourguébus.	3,174	1/4	id.
id.	Creully.	2,484	1/5	id.
id.	Douvres.	1,900	1/4	id.
id.	Evrecy.	1,6 7	1/5	id.
id.	Tilly-s.-Seulles.	2,331	1/5	id.
id.	Troarn.	2,720	1/4	id.
id.	Villers-Bocage.	1,873	1/5	id.

Maintenant quant au rendement, il varie, comme nous venons de le dire, selon la qualité du sol ; cependant au point de vue de notre étude, il est un fait qu'il faut constater, c'est que depuis la culture du Colza dans nos terres, c'est-à-dire depuis qu'elles sont mieux labourées, fumées, sarclées, le rendement des foins a presque doublé, et il en est de même pour les autres fourrages ; car la terre n'est pas ingrate, et elle rend toujours plus qu'on ne lui a prêté.

On pratique deux coupes sur les sainfoins : à la première, il y a de 7 à 8 bottes de 7 kilog. 1/2 pour un are ; à la seconde, il n'y a pas habituellement la moitié du rendement de la première.

Le regain qui vient ensuite sert à nourrir les vaches laitières au piquet une partie de l'arrière-saison, et elles donnent avec cette nourriture un excellent beurre. On ne doit pas s'en étonner quand on voit que ces regains ont offert à l'analyse 9 grammes 5 centigrammes d'azote, tandis que, pour la même quantité de foin, première coupe, on n'a plus trouvé que 4 grammes 7 centigrammes (Is. PIERRE, *Recherches sur la valeur nutritive des différents fourrages*).

Trèfle commun.—Le trèfle commun ou pagnolée est exclusivement destiné aux vaches et mangé sur place.

Trèfle incarnat.—Le trèfle incarnat, plus dur, est consommé par les chevaux, et les commence au vert en attendant le sainfoin, qu'il précède d'une quinzaine de jours.

Luzerne.—La luzerne n'apparaît dans nos campagnes qu'accidentellement, et cependant cet excellent fourrage, très-nourrissant (5 à 6 grammes d'azote par kilogramme,—sainfoin, 4 à 5 grammes pour la même quantité (Is. PIERRE), devrait être plus répandu ; on en obtient jusqu'à trois coupes dans une année, et comme il dure longtemps, qu'il n'exige aucun engrais, puisque ses racines vont chercher leur nourriture dans les couches profondes du sol, chaque cultivateur ferait sagement d'en posséder au moins un ou deux hectares; ce ne seraient pas en fin de compte les terres qui lui paieraient le moins.

D. *Avoine.*—L'avoine aujourd'hui n'est plus cultivée, dans la plaine, que pour suffire aux besoins de la consommation, et encore la plupart des cultivateurs qui exploitent nos meilleures terres vont-ils s'approvisionner aux halles[1]. Il est vrai que cette céréale convient peu à la nature de nos terres de la première catégorie, elle y pousse trop en paille et ne donne qu'un grain maigre, léger, tandis qu'au contraire elle réussit bien sur les terres cailouteuses et argileuses ; quoi qu'il en soit, comme elle vient toujours après le blé, elle laisse la terre très-fatiguée, et n'offre qu'un mauvais compost ; aussi allons-nous voir dans le tableau suivant la culture de cette denrée occuper d'autant plus de place que les terres sont de qualité plus médiocres.

Canton de Creully.		388 hectares ou	1/29ᵉ	de terres arables.	
id.	Tilly-s-Seulles.	460 id.	ou 1/20		id.
id.	Douvres.	600 id.	ou 1/15		id,
id.	Troarn.	1056 id.	ou 1/12		id.
id.	Caen.	584 id.	ou 1/10		id.
id.	Bourguébus.	1269 id.	ou 1/10		id.
id.	Villers-Bocage.	1000 id.	ou 1/10		id.
id.	Evrecy.	954 id.	ou 1/8		id.

E. *Orge.*—Si l'avoine est beaucoup plus rare dans nos champs

---

[1] La plus grande partie des avoines vendues à la halle de Caen venaient cette année du département de l'Orne, surtout de Flers.

depuis la grande extension donnée à la culture du Colza, on peut dire que l'orge en a presque entièrement disparu, et que cette denrée a perdu littéralement tout le terrain que le Colza y a gagné. De plus, ce que nous disions tout à l'heure de l'avoine peut s'appliquer à *fortiori* à l'orge, relativement à la qualité des terres où on le cultive encore :

Canton de Creully, année moy. 132 h. au 1/86 des terres arables.
    id.   Douvres.   id.   200 id. 1/42   id.
    id.   Tilly-s-Seulles.   360 id. 1/27   id.
    id.   Caen.   id.   388 id. 1/22   id.
    id.   Troarn.   id.   577 id. 1/22   id.
    id.   Villers-Bocage.   589 id. 1/89   id.
    id.   Bourguebus. id.   1297 id. 1/10   id.
    id.   Evrecy.   id.   1136 id. 1/6   id.

F. Depuis quelques années la culture de la betterave a pris dans la plaine une certaine importance, surtout dans les cantons de Caen et de Douvres, dont les terres profondes et à portée des engrais de mer conviennent admirablement à ces racines.

La betterave jusqu'ici n'a été employée qu'à la nourriture des vaches, et dans l'hiver, depuis la cherté excessive des fourrages, elle a pu les remplacer avec avantage. Ces animaux en sont d'ailleurs très-friands, et elles leur donnent beaucoup de lait ; de plus il est remarquable que les bêtes à cornes ainsi nourries donnent un fumier beaucoup plus gras et plus abondant. Avant la récolte des racines, et dès le mois de septembre, c'est-à-dire au moment où les fourrages en vert s'épuisent, les basses feuilles de ces betteraves, enlevées avec prudence, donnent encore pour la nuit un excellent aliment, et cela sans nuire d'une manière sensible au développement de la racine. Cette précieuse substance rend donc déjà d'immenses services, et on peut affirmer, sans témérité, que si une usine à sucre venait à s'établir dans la contrée, cette culture y prendrait bientôt une partie de la place aujourd'hui occupée par le Colza.

G. Un des grands résultats de la culture du Colza a été l'extinction à peu près complète dans nos bonnes terres des jachères mortes, ou varecs, et leur remplacement par des jachères-fourrages. Cependant il est quelques cantons dans la plaine où les terres de qualité inférieure présentent encore des jachères d'une certaine étendue, ce sont les cantons de Bourguébus, de Villers-Bocage, d'Evrecy ; hâtons-nous cependant d'ajouter que chaque année voit diminuer et leur nombre et leur importance.

H. *Petite Culture sarclée.* — *Oignons, carottes, navets, poirettes.* — Enfin pour compléter cette revue des produits agricoles de la plaine de Caen, disons quelques mots de la culture tout exceptionnelle des oignons, carottes, navets, poirettes, qui se pratique dans plusieurs communes du littoral du canton de Douvres.

Cette culture, qui remonte à une haute antiquité, et que l'introduction du Colza n'a pu qu'améliorer, puisque le Colza est très-bon compost à oignon, a été sans doute inspirée et par la riche composition des terres, et par la facilité d'y transporter pour ainsi dire chaque jour les excellents engrais que la mer jette sur le rivage.

Le nombre d'hectares livrés chaque année à cette petite culture, qui approvisionne non-seulement l'arrondissement de Caen, mais par le marché du Havre exporte ses produits jusqu'en Amérique, est d'environ 200, et le montant des produits ne s'élève pas à moins de 10 à 15 francs par are, soit 2 à 300 mille francs de récolte par chaque année.

Celui qui n'a pas vu ces champs si propres, si unis, si soignés, ne peut que difficilement s'en faire une idée ; mais aussi il faut songer que le cultivateur et toute sa famille, femme et enfants, n'ont pour ainsi dire pas d'autre occupation, et que les 5 ou 6 hectares de terre qu'il font valoir absorbent tous leurs instants. Le soleil en se levant les voit déjà, dans la belle saison, réunis sur les champs d'oignon et de poirette, arrachant brin à brin des millions d'herbes parasites ; et le crépuscule les surprend encore dans ce travail de patience.

Un sarcleur assidu nettoie de 4 à 5 mètres carrés de terrain par jour. La quantité de racines faites année ordinaire par chaque cultivateur est de 60 à 80 ares ou 720 à 960 mètres carrés, et il faut recommencer cette opération trois à quatre fois dans l'année, c'èst-à-dire que les terres sont tellement échauffées par les engrais, qu'à peine si les sarcleurs sont arrivés au bout du champ, que déjà une nouvelle éruption est survenue à l'autre extrémité, et qu'il leur faut recommencer le travail. Mais aussi combien n'est pas récompensée leur peine ! Quelle beauté, quelle vigueur dans ces récoltes ! L'étranger qui, dans la belle saison, parcourt la route départementale de Caen à Courseulles, s'arrête à chaque instant surpris et enchanté. A gauche, à droite, et jusque sur le rivage de la mer, ce sont de magnifiques champs recouverts d'admirables moissons ; pas un pied de terre qui ne soit productif! Partout la vigilance, l'activité et la vie ! Certes, les terres de Mathieu, la Délivrande, Lion, Luc, Langrune, Saint-Aubin, etc., sont par leur composition, leur profondeur, leur exposition et leur culture, d'une fertilité peut-être unique en France, et qui rappelle les terres de la vallée du Nil, tant vantées de l'antiquité !

TROISIÈME PARTIE.

PARALLÈLE ENTRE LES CULTURES ANTÉRIEURE ET POSTÉRIEURE A L'INTRODUCTION DU COLZA DANS LA PLAINE DE CAEN.

1° *Sous le rapport des terres.* — Il est un fait qui plane comme un phare sur toute l'agriculture, c'est que plus nous avançons dans l'étude et la pratique des connaissances agricoles, plus aussi nos vieilles terres se rajeunissent et acquièrent de puissance végétative ; grâce au drainage, aux amendements aux meilleurs labours et aux engrais plus abondants, on peut dire que les bonnes terres d'autrefois sont devenues parfaites, les médiocres très-bonnes, et que les mauvaises rapportent aujourd'hui comme les premières terres d'alors.

Amendements. — Sans doute, depuis une haute antiquité on a employé la marne comme amendement dans les terres à fond d'argile, sans doute depuis longtemps encore on emploie la chaux et la tangue à la fois comme amendement et comme engrais, mais sans le drainage, conquête moderne, et dont la pratique s'est surtout répandue depuis la culture du Colza, combien de temps dure l'action de ces agents? — L'eau de pluie, ce grand dissolvant de la nature, retenue longtemps dans la couche végétale des terres, y dissout et entraîne en s'écoulant entre cette couche et le sous-sol imperméable, non-seulement les sels des engrais, mais encore toutes les parties solubles des amendements, en sorte que, sans le drainage, le travail de tant de siècles, pour changer la constitution physique de ces terres, n'a jamais eu qu'une efficacité éphémère, et n'a pu combler encore cette espèce de tonneau de Danaïdes.

Mais, dira-t-on, le drainage n'est pas un perfectionnement dû au Colza, puisque nos voisins d'Outre-Manche ont depuis longtemps déjà leurs terres argileuses drainées.

Sans doute le drainage est depuis longtemps connu *théoriquement* en France, mais si chez nos voisins entre la théorie et la pratique il n'y a qu'un pas, parce que les grands propriétaires du sol ont des fortunes qui leur permettent de faire instantanément de grandes dépenses, il faut réfléchir qu'il n'en est plus ainsi dans notre pays, où les fortunes très-morcelées, laissent souvent le propriétaire du sol dans un état de gêne qui le force à observer une sévère économie, et qu'une idée reconnue excellente peut très-bien y rester longtemps à l'état d'idée, s'il faut, pour la réaliser, dépenser des sommes considérables.

Cependant la culture du Colza ayant pris de grands développements dans la plaine de Caen, et dans une partie du Bessin, et y ayant donné de très-beaux bénéfices, les autres arrondissements ont porté envie à notre prospérité, et ont voulu, eux aussi, cultiver cette plante : « Tout marquis veut avoir des pages » ; mais bientôt ils se sont aperçus que la constitution de leurs terres n'étant plus la même, ils ne pouvaient prétendre aux mêmes succès : les Colzas, très-beaux d'abord pendant l'automne, parce que les pluies mettaient rapidement, dans ces terres mouillantes tous les engrais à leur disposition, ne tenaient plus au printemps leurs premières promesses, et le retour de cette culture ne faisant qu'aggraver les choses, force a été de songer à dessécher ces terres au moyen du drainage. De plus le fermier, stimulé par le gain, a sollicité son propriétaire de faire drainer ses terres, et s'est entendu avec lui afin de l'indemniser, soit en élevant le prix des loyers, soit en lui payant l'intérêt de ses dépenses, soit enfin en fournissant lui-même les premiers fonds en avance sur ses fermages.

Nous étions donc dans le vrai, en disant tout-à-l'heure que la *pratique* du drainage dans notre contrée est en partie due au développement de la culture du Colza.

Labourage. — Condition matérielle d'une bonne récolte, le labour sera d'autant meilleur qu'il divisera mieux la terre, la laissera plus poreuse, plus absorbante, et en même temps plus accessible aux racines des plantes. Mais il y a plus : le sol arable est le seul milieu où la plante doive puiser par ses racines les sucs nécessaires à son développement.

Or, toutes conditions égales d'ailleurs, il est évident que plus cette couche sera épaisse, profonde, et plus aussi le chevelu des racines s'y développera avec facilité.

Cependant jusqu'à ces derniers temps les labours avaient toujours été très-superficiels ; on redoutait par-dessus tout d'amener à la surface de la terre nouvelle, car en agissant ainsi, on aurait, disait-on, compromis la récolte.

Depuis la culture des plantes pivotantes, on s'est affranchi de ce préjugé, on a compris que le sol arable n'est que la partie la plus superficielle de la couche de terre, qui, avec une épaisseur et des qualités de composition différentes, enveloppe toute la surface du globe ; et que du moment qu'on aura exposé à l'action de l'air et des engrais une nouvelle tranche de cette terre, elle revêtira bientôt elle-même tous les caractères de la couche arable primitive.

La profondeur des labours est donc encore un perfectionnement apporté à la culture des terres, depuis que le Colza a reçu parmi nous droit de cité.

Engrais. — De tout temps, sans doute, le cultivateur a compris que sans engrais il n'est pas de culture possible ; mais, malgré cette nécessité patente, ce n'est véritablement que depuis la culture du Colza qu'il a apporté tous ses soins à augmenter la quantité et la qualité de ses fumiers.

Le Colza, en effet, est très-gourmand d'engrais, et plus cet engrais sera riche en azote, mieux il s'en trouvera ; on peut encore récolter du blé sans engrais, mais sans engrais on ne récolte pas de Colza, dans les vieilles terres ; je dis dans les vieilles terres, car il ne peut être ici question de ces terres vierges formées d'alluvions qui comblent l'embouchure des rivières, principalement l'Orne, et au milieu desquelles, depuis plusieurs années déjà, on récolte d'énormes Colzas sans engrais.

Avant la culture du Colza, les engrais artificiels les plus généralement employés aujourd'hui, tels que les tourteaux, le guano, étaient à peu près inconnus ; le cultivateur voisin des grandes villes ne daignait pas même aller y acheter les fumiers des auberges et les boues des rues, tandis que de nos jours ces précieux engrais sont très-recherchés, et payés fort chers. Il en est de même des boues et des herbes que les cantonniers recueillent sur leurs routes ; enfin il est encore une classe d'engrais, la plus puissante sans contredit de toutes, qui autrefois était complètement perdue dans nos campagnes, et qu'aujourd'hui cependant on commence à y apprécier, nous voulons parler des engrais humains.

Ces matières étaient et sont encore ramassées périodiquement par des vidangeurs qui parcourent nos villages avec des espèces de tombereaux couverts, et le cultivateur les remercie par un pour-boire du service qu'ils lui rendent en vidant ses latrines.

Il ne faut pas se le dissimuler, ce qui s'opposera toujours à l'emploi raisonné, méthodique des matières fécales en agriculture, c'est d'abord une odeur repoussante, que le sulfate de fer même ne peut masquer entièrement ; et puis l'espèce de défaveur, d'abaissement même que les domestiques attachent à la manipulation de ces matières.

Jusqu'à ce que la chimie ait trouvé un agent capable de détruire cette odeur, sans dégager l'ammoniaque qui fait leur puissance comme engrais, nous pensons que le meilleur mode d'emploi des engrais humains, celui qui est le plus facilement praticable, est encore de les répandre dans les fumiers.

Extinction des jachères. — Nous avons déjà constaté que dans la plaine de Caen, à part quelques terres inférieures de cantons encore arriérés, les jachères mortes ou varets qui autrefois y occupaient le quart des terres, ont à peu près complétement disparu, et sont remplacées par des jachères fourrages, tels que seigles, pois chauds, trèfle rouge, etc.

Diminution de semence. — Un des résultats marqués de l'influence du Colza sur l'ensemencement des terres, a été la diminution de cette semence.

Ainsi, tandis qu'autrefois on répandait trois hectolitres par hectare, aujourd'hui, dans nos terres parfaitement préparées et fumées, 1 hectolitre 1/2 à 2 hectolitres suffisent. Nous appelons donc de tous nos vœux des semoirs mécaniques simples et à bon marché, qui en régularisant la distribution des grains sur la terre, remédient non-seulement à une perte considérable de semence, mais encore aux dangers de la verse.

Personnel. — Nombre des domestiques. — Sous le rapport du nombre, les domestiques de ferme ont peut-être un peu augmenté, et cela se comprend ; les fumiers devant être plus travaillés, les labours plus nombreux, les sarclages plus répétés, il a fallu nécessairement augmenter le personnel de la ferme ; les ateliers agricoles étrangers ont également été d'un usage plus général chez les cultivateurs.

Leur degré d'instruction. — Sous le rapport de l'intelligence et des connaissances pratiques en agriculture, les grands valets ont aussi gagné quelque chose, car le domestique qui approche du maître, qui reçoit ses ordres, et souvent les raisonne avec lui, est toujours comme un reflet de ce même maître.

Instruction agricole chez le maître. — Enfin quant au fermier lui-même, nous devons reconnaître que, depuis quelques années, il y a chez lui une certaine tendance au progrès ; nous devons reconnaître que chez lui la science agricole pénètre petit à petit, sans violence, « comme un jour doux dans des yeux délicats. » Dans ses allées et venues aux champs, à la ville, nous l'avons souvent entendu contrôler, approuver ou blâmer les méthodes et les cultures nouvelles ; heureux symptôme ! Car la lumière, comme le feu de la pierre, jaillit du choc des opinions ; et puis de ces critiques, de ces discussions sur les différentes améliorations agricoles, il reste toujours quelque chose, même dans l'esprit de celui qui les combat.

Il est encore d'autres apôtres du progrès, qui poussent le cultivateur vers les conquêtes de la science agricole moderne, ce sont ses enfants.

En général, j'ai toujours trouvé le fils du fermier plus sensible à l'émulation et plus accessible aux idées de progrès ; probablement parce qu'il n'avait à faire pour les accepter aucun sacrifice d'idées préconçues, tandis que chez l'homme déjà vieilli dans une pratique, il faut véritablement une certaine énergie pour secouer les langes de l'habitude ; et puis l'instruction de nos ancieus cultivateurs a été si négligée !... et nous le savons tous, celui qui se trouve plongé dans les bas-fonds de l'ignorance, n'imaginant pas qu'il puisse exister autre chose au-delà de son étroit horizon, ne cherche pas à en sortir ; tandis que celui qui a déjà franchi les premiers gradins de la science, cherche à monter encore, cherche à monter toujours, parce que plus il s'élève et plus s'élargit autour de lui le cercle des connaissances humaines.

Chevaux.—Autrefois, les petits fermiers, si nombreux dans la plaine, ne possédaient que le nombre de chevaux strictement nécessaire à l'exploitation de leurs terres, et ces chevaux, de qualité médiocre, vieillissaient et mouraient à la ferme.

Depuis surtout que la culture du Colza est venue répandre l'aisance dans nos campagnes, tous nos cultivateurs ont changé de système ; ils ont, il est vrai, conservé comme réserve quelques vieux chevaux d'une force et d'un caractère éprouvés, mais chaque année aussi ils ont acheté aux foires 4, 6, 10 poulains, les ont élevés jusqu'à dix-huit mois dans des pièces d'herbes, puis les ont attelés à la charrue jusqu'à l'âge de 4 à 5 ans, âge où ils sont enfin vendus, soit à la remonte, soit au commerce.

Amélioration de la race. — Nous avons déjà dit que la race, comme forme et comme vitesse, s'est considérablement améliorée.

Vaches laitières. — Au rapport de tous les fermiers, la quantité des vaches laitières est la même aujourdhui qu'elle était avant la culture du Colza, car si d'une part une plus petite portion de terre est livrée aux fourrages, en revanche ces terres, par leur bon état, donnent le double de produits; puis les betteraves, dont l'usage se généralise, étant venues donner par leurs feuilles et leurs racines un surcroît de nourriture à ces animaux, il n'est pas douteux que leur nombre, comme leurs qualités laitières, n'aille désormais en augmentant.

Moutons. — Quant aux moutons, ils ont presque entièrement disparu de nos terres arables, avec les jachères mortes où ils trouvaient leur pâture, et les quelques troupeaux qu'on y compte encore paissent les herbes fines et salées des dunes d'Hermanville, Ouistreham, Merville, etc.

Prix des terres. — Quand en agriculture un progrès se réalise, il est rare qu'il ne soit profitable qu'à son auteur; car, contrairement à l'industrie, où les choses se passent à huis-clos, ici toutes les opérations sont dévoilées, puisqu'elles ont pour laboratoire la terre, pour lumière le soleil, et pour témoins le public qui juge et apprécie.

Amélioration des bâtiments de l'exploitation. — Aussi dès l'instant où les terres mieux cultivées ont rapporté davantage, quand dans ces dernières années les Colzas sont venus donner des bénéfices jusque-là inconnus, aussitôt le prix des terres, des bonnes terres surtout, s'est rapidement accru de 25 à 30 fr. l'hectare: mais par une heureuse compensation, cette source d'or qui avait jailli de la terre y est retournée, en créant sur son passage:

Ces vastes hangars si utiles pour abriter les bestiaux, les pailles et tout le matériel agricole ;

Ces fosses à purin destinées à recevoir le jus des fumiers ;

6

Ces écuries larges, spacieuses et bien aérées, puissants préservatifs contre les épizooties ;

En changeant la vaste habitation du fermier, souvent basse, humide et sombre, en une maison percée de nombreuses ouvertures, assise sur un sol sec, élevé au-dessus des eaux stagnantes, conditions plus importantes qu'on ne le croit généralement au succès de toute exploitation agricole ; car pour réussir, non-seulement le cultivateur doit se montrer intelligent, instruit, mais encore actif, vigilant ; en un mot, à une puissante volonté il doit unir une grande force d'action ; or, comment pourra-t-il avec la maladie aux flancs, veiller et diriger les différents travaux de sa culture ? On ne peut trop le répéter, l'hygiène, cette médecine préservatrice, est complétement ignorée dans nos campagnes, et ses applications si fréquentes, si utiles, je dirai même si indispensables à la santé, sont tout à fait négligées.

Augmentation des impôts. — Leur emploi. — Il est vrai que si le rendement des terres ainsi que leur prix de location se sont de beaucoup accrus, en revanche l'impôt foncier s'est également élevé, mais il est juste d'ajouter aussi que, dans cette augmentation, le gouvernement n'a qu'une faible part ; ce qui a grossi les cotes, ce sont les dépenses départementales, et surtout communales, et gardons-nous bien de nous en plaindre, car cet argent pris aux contribuables leur est rendu au centuple :

1° *En voies de communication,* qui leur permettent en tous temps, sans danger, et avec infiniment moins d'efforts, l'accès de leurs champs ;

2° *En écoles* de l'un et l'autre sexe, plus spacieuses, mieux bâties, mieux éclairées que ces anciennes salles basses, étroites, où leurs enfants, leurs petites filles surtout, celles qui seront les mères de famille de la génération future, respiraient pendant les trois quarts du jour un air chargé de miasmes, un air méphitique et débilitant ;

3° *En restauration des antiques monuments religieux,* où le laboureur, courbé toute la semaine sur son sillon, vient le dimanche relever la tête, et offrir à Dieu sa prière ;

4° *En ouvrages d'assainissement,* qui depuis quelques années ont pris une grande extension dans les communes, et permettent d'espérer désormais l'amélioration générale de leur état sanitaire ;

5° *En secours de toute nature aux pauvres*, secours qui, grâce à l'énergique initiative de M. le Préfet, ont enfin permis de rayer du cadre nosologique des plaies sociales, cette lèpre qu'on appèle la MENDICITÉ.

S'élever contre ces impositions, ce serait donc blâmer l'agriculteur habile qui détourne de la rivière un mince filet d'eau pour lui faire parcourir et fertiliser de vastes pâturages.

Aussi, hâtons-nous de le dire, tous ces progrès, tous ces perfectionnements physiques et sociaux à peine espérés et entrevus il y a quelques années par les hommes placés à la tête de la civilisation, sont aujourd'hui compris et acceptés, même par les masses les plus inintelligentes.

Assolements.—Avant l'introduction du Colza dans la plaine, on faisait : 1ʳᵉ année, blé, 2ᵉ année, orge ou avoine, 3ᵉ année, trèfle, 4ᵉ année, blé, 5ᵉ année, orge ou avoine avec sainfoin qu'on laissait trois ou quatre ans.

Nous avons déjà dit en quoi cette rotation de culture était défectueuse. C'est parce que :

1° Deux récoltes successives de céréales épuisent les terres et ne donnent bientôt plus que de faibles produits ;

2° Parce que le blé aimant avant tout les terres où les engrais sont déjà combinés de vieille date, le fumier qu'on répandait seulement quelque temps avant de faire ce blé, donnait presque toujours naissance à une multitude de vers qui détruisaient une partie de la semence.

Depuis l'introduction du Colza dans l'assolement des terres de la plaine de Caen, cette plante a dominé toutes les autres récoltes, notamment dans la zône comprise entre cette ville et la Manche, la Seulle et la Dives.

Ainsi, il est encore quelques bons cultivateurs qui, grâce à d'abondants engrais et à des labours profonds, font avec succès : 1ʳᵉ année, Colza ; 2ᵉ année, Colza ; 3ᵉ année, blé ; 4ᵉ année, Colza ; 5ᵉ année, blé ; 6ᵉ et 7ᵉ, sainfoin.

D'autres, et c'est le plus grand nombre, ne font qu'une seule année de Colza : 1re année, Colza ; 2e année, blé ; 3e, Colza ; 4e, blé ; 5e et 6e, sainfoin ; 7e, blé, 8e avoine ; en un mot, il n'y a dans ces rotations aucune régularité, chacun agit à sa guise, et à la fois selon ses besoins, la puissance et la fécondité de ses terres.

Colza et Blé.—Lorsqu'on vit, ces années passées, la plaine de Caen se couvrir de vastes pièces de Colzas, un cri d'alarme retentit de toutes parts ; de tous côtés des personnes même éclairées et de bonne foi blâmèrent hautement cet envahissement du territoire par les plantes industrielles, aux dépens, disaient-elles, de la nourriture du peuple ; et la cherté du blé semblant donner une espèce de raison à ces déclamations ; il fut à peu près généralement admis dans le public, que s'il y avait pénurie de blé, et si par conséquent ce blé était cher, cela venait évidemment de ce que les cultivateurs consacraient une trop grande partie de leurs terres à la culture du colza !

Eh bien ! qu'il nous soit permis de prouver par des chiffres officiels que pendant tout le temps qu'on n'a pas cultivé en grand le Colza dans la plaine de Caen, la quantité de blé n'y a pas sensiblement augmenté, tandis qu'au fur et à mesure que cette culture s'est étendue, la quantité de blé récoltée a aussi été en augmentant, et cela dans une progression qui, à part les années calamiteuses, ne s'est jamais démentie.

On pourra peut-être nous objecter que si la quantité de blé a augmenté aux halles, cela tient non pas à la culture du colza, mais bien aux progrès réalisés de toutes parts par l'agriculture ; mais, si nous prouvons encore par des chiffres irrécusables que, dans les localités où l'agriculture a marché comme partout ailleurs, mais où le Colza n'a pas reçu une grande extension de culture, la quantité de blé n'a pas sensiblement augmenté depuis 25 à 30 aus, il nous semble que toute objection sera levée, et que le fait, dégagé de toute incertitude, apparaîtra précis et rassurant, même aux yeux les plus prévenus.

Nombre d'hectolitres de blé vendus à Argences de 1820 à 1857.

Années.	Hectolitres.	Années.	Hectolitres.
1820.	35 ,364	1839.	45 ,550
1821.	27 ,127	1840.	37 ,502
1822.	39 ,368	1841.	35 ,151
1823.	41 ,431	1842.	37 ,079
1824.	37 ,244	1843.	41 ,650
1825.	38 ,766	1844.	46 ,630
1826.	37 ,182	1845.	47 ,932
1827.	36 ,490	1846.	46 ,268
1828.	45 ,322	1847.	34 ,710
1829.	39 ,278	1848.	42 ,961
1830.	39 ,128	1849.	31 ,570
1831.	40 ,177	1850.	37 ,534
1832.	41 ,155	1851.	45 ,482
1833.	44 ,614	1852.	42 ,204
1834.	45 ,430	1853.	38 ,308
1835.	46 ,356	1854.	36 ,860
1836.	38 ,632	1855.	33 ,334
1837.	32 ,561	1856.	30 ,737
1838.	41 ,100	1857.	43 ,057

Ainsi donc, comme on le voit, la halle d'Argences, alimentée surtout par les terres caillouteuses du canton de Bourguébus, et les terres lourdes, argileuses du Pays-d'Auge, où la culture du Colza est encore peu avancée, n'a pas offert, de 1857 à 1820, et à part les fluctuations produites par les bonnes et mauvaises années, une augmentation sensible dans la production du blé : poursuivons.

Nombre d'hectolitres de blé vendus à Évrecy de 1830 à 1858.

Années.	Hectolitres.	Années.	Hectolitres.
1830.	13 ,304	1844.	11 ,902
1831.	15 ,595	1845.	10 ,736
1832.	13 ,195	1846.	10 ,848
1833.	9 ,705	1847.	8 ,314
1834.	10 ,325	1848.	10 ,487
1835.	10 ,760	1849.	9 ,069
1836.	11 ,197	1850.	9 ,484
1837.	12 ,996	1851.	11 ,118
1838.	12 ,902	1852.	8 ,714
1839.	13 ,030	1853.	6 ,944
1840.	12 ,035	1854.	5 ,573
1841.	10 ,233	1855.	7 ,536
1842.	10 ,703	1856.	9 ,218
1843.	12 ,363	1857.	12 ,803

Même observation que pour la halle d'Argences. Située au milieu de terres caillouteuses et argileuses, la halle d'Evrecy, à part les années exceptionnellement mauvaises de 1852, 1853, 1854 et 1855, a toujours à peu près offert le même chiffre de blé.

Nombre d'hectolitres de blé vendus u Troarn de 1839 à 1858.

Années.	Hectolitres.	Années.	Hectolitres.
1839.	12 ,122	1849.	13 ,288
1840.	11 ,638	1850.	13 ,938
1841.	11 ,008	1851.	14 ,192
1842.	11 ,190	1852.	13 ,294
1843.	10 ,872	1853.	11 ,182
1844.	11 ,996	1854.	10 ,404
1845.	10 ,734	1855.	12 ,052
1846.	10 ,922	1856.	12 ,184
1847.	11 ,124	1857.	15 ,992
1848.	15 ,404		

Nombre d'hectolitres de blé vendus à Caen de 1800 à 1858.

Années.	Hectolitres.	Années.	Hectolitres.
1800.	42 ,610	1829.	55 ,464
1801.	43 ,164	1830.	49 ,416
1802.	39 ,318	1831.	51 ,166
1803.	46 ,868	1832.	52 ,016
1804.	33 ,754	1833.	47 ,024
1805.	31 ,594	1834.	44 ,872
1806.	36 ,886	1835.	40 ,428
1807.	38 ,356	1836.	44 ,342
1808.	34 ,178	1837.	52 ,790
1809.	34 ,138	1838.	54 ,034
1810.	39 ,354	1839.	62 ,330
1811.	29 ,034	1840.	54 ,174
1812.	32 ,794	1841.	58 ,296
1813.	41 ,904	1842.	59 ,004
1814.	40 ,632	1843.	69 ,874
1815.	41 ,828	1844.	74 ,924
1816.	44 ,258	1845.	82 ,244
1817.	39 ,698	1846.	86 ,048
1818.	36 ,032	1847.	68 ,800
1819.	31 ,490	1848.	85 ,022
1820.	34 ,572	1849.	69 ,710
1821.	35 ,032	1850.	78 ,956
1822.	26 ,588	1851.	99 ,664
1823.	25 ,456	1852.	97 ,948
1824.	25 ,542	1853.	94 ,662
1825.	27 ,264	1854.	75 ,504
1826.	28 ,878	1855.	66 ,518
1827.	30 ,506	1856.	71 ,472
1828.	39 ,986	1857.	97, 854

D'après ces chiffres, il doit être évident pour tous, que la culture du Colza dans la plaine, loin d'avoir diminué la récolte du blé, l'a au contraire considérablement augmentée, puisque dans l'espace de vingt-deux ans (de 1836 à 1858), c'est-à-dire précisément depuis que la culture du Colza a pris dans la contrée une très-grande extension, le chiffre du blé apporté par le cultivateur à la halle de Caen s'est élevé de 44,342 hectolitres à 97,854 hectolitres.

Il est un fait d'ailleurs qui vient corroborer le résultat constaté par le relevé des halles.

Quand on a construit les bâtiments des fermes actuelles, on a naturellement donné aux granges une contenance en rapport avec la quantité de récoltes données année moyenne; eh bien! qu'on parcoure aujourd'hui la campagne après la moisson, et on verra de tous côtés, à l'entour des villages, d'immenses meules de blé renfermant quatre, six, huit et dix mille gerbes de blé.

Que signifient ces énormes amas de céréales entassées à l'extérieur des fermes, sinon que les granges remplies ne peuvent plus contenir toutes les gerbes, et que ces meules représentent précisément l'excédant des récoltes actuelles sur les récoltes d'autrefois ?

Avoine.—*Orge.*—Les cultures que le Colza a pour ainsi dire refoulées de la plaine de Caen sont : l'orge, le sarrasin, le seigle, les haricots, le chanvre, le lin, la cameline; quant à l'avoine, elle y a aussi diminé, surtout dans la partie nord de la plaine ; cependant la nourriture des chevaux a toujours forcé le fermier à en cultiver plus ou moins, et voilà pourquoi sa cherté aidant, on en remarque davantage cette année que les années précédentes.

Disons-le donc en terminant ce chapitre : oui, l'agriculture a fait d'immenses progrès dans la plaine, surtout depuis la culture des plantes industrielles; mais ce sont des progrès de fait, encore plus que des progrès d'idées et de connaissances agricoles ; aussi, s'il est un désir généralement répandu parmi tous les hommes amis de leur pays et jaloux de sa prospérité, c'est celui de voir les sociétés d'agricultures, appuyées sur les hommes du pouvoir, propager, vulgariser par tous les moyens possibles les éléments d'agriculture pratique.

Déjà, il faut le reconnaître, on a beaucoup fait dans ce but, mais on peut faire davantage encore. Aux excellentes leçons d'agriculture pratique données aux chefs-lieux de canton, on pourrait ce nous semble ajouter de petits traités bien élémentaires, qu'on répandrait à profusion dans les campagnes, par l'entremise des maires, qu'on donnerait même aux distributions de prix aux enfants des cultivateurs, en place de ces historiettes morales et amusantes sans doute, mais qui ne laissent rien après elles, lorsqu'elles sont lues dans l'intérieur de la famille.

Il faut vivre au milieu de nos campagnes pour comprendre à quel point la presque généralité de nos cultivateurs ignorent même les premiers éléments théoriques de leur art. Ils font les choses d'une certaine façon, parce qu'on leur a appris, ou qu'ils ont observé eux-mêmes que cela réussissait mieux ainsi, mais ils ne se rendent pas compte du pourquoi; en un mot, ils ont du métier, mais ils ne raisonnent pas leurs actes; comme les ouvriers des Gobelins, ils brodent d'admirables récoltes sur un canevas dont ils n'aperçoivent qu'une des surfaces.

Et pourtant ce n'est certes pas l'intelligence qui leur manque; au contraire, ils ont en général un esprit droit, incisif, pénétrant, qui saisit très-rapidement le rapport des choses; mais ce qui leur fait défaut, ce sont les premières notions ; que les hommes de science agricole abaissent donc cette science à leur hauteur, et ils peuvent être certains que, comme le bon grain de l'Evangile, leurs paroles germeront et rapporteront au centuple.

CONCLUSION.

RÉPONSE A CETTE QUESTION :

Quelles ont été jusqu'à ce jour, et quelles peuvent être dans l'avenir, sur la production agricole du département du Calvados, et en particulier pour la plaine de Caen, les conséquences de la grande extension donnée à la culture du Colza ?

A. *Sous le rapport du sol arable.* — Les conséquences de la grande extension donnée à la culture du Colza dans la plaine de Caen et dans une partie du Bessin, seules régions du département où on cultive en grand cette plante, ont été :

1° De révéler à l'agriculteur tout le parti qu'une culture intelligente et sensée peut tirer des excellentes terres qui recouvrent ces parties du Calvados;

2° De lui démontrer que jusqu'à ce jour ses labours trop rares et trop superficiels le privaient en partie de la fertilité naturelle de ses terres;

3° De lui apprendre l'avantage qu'il y a à nettoyer ses terres de la sarcle et de toutes les mauvaises herbes qui les infestent;

4° De faire comprendre mieux qu'on ne l'avait fait jusqu'alors l'indispensable nécessité des engrais, d'exciter par conséquent le cultivateur à recueillir avec soin ceux de la ferme, à les améliorer, et à empêcher la déperdition des gaz qui leur donnent une partie de leur valeur, enfin, autant que possible, à en créer de nouveaux;

5° De donner une grande impulsion à l'industrie des engrais artificiels, notamment aux tourteaux, au guano, à la poudrette, etc., dont il est employé aujourd'hui des quantités considérables;

6° De créer une couche arable pour ainsi dire nouvelle, ou

plutôt de régénérer l'ancienne, et par l'addition d'une nouvelle couche de terre enlevée au sol végétal sous-jacent, et par des quantités d'engrais bien plus considérables qu'auparavant;

Les conséquences de la grande extension donnée à la culture du Colza ont encore été:

7° De supprimer les jachères mortes, espèces de terres fainéantes qui occupaient le quart ou le tiers de la totalité des terres, et de les remplacer par des jachères fourrages, excellents composts à blé;

8° D'éviter par un meilleur assolement, Colza blé, au lieu de blé, orge ou avoine, le retour successif de deux récoltes de céréales sur la même terre, pratique déplorable et qui entraîne rapidement l'appauvrissement du sol.

B. *Sous le rapport des récoltes.* —9° La culture du Colza, loin d'avoir diminué la production du blé, l'a au contraire considérablement augmentée.

10° Depuis l'introduction du Colza, la quantité de fourrages est toujours restée à peu près la même qu'auparavant, car si moins de terre sont consacrées chaque année à cette culture, en revanche leur rendement, par suite du bon état de ces terres, est presque partout du double d'autrefois.

11° La culture de l'avoine, depuis l'invasion des plantes oléagineuses, a beaucoup diminué dans les cantons du nord et du centre de la plaine, tandis qu'elle a au contraire augmenté dans ceux de l'est et de l'ouest, où les terres, lourdes, mouillantes, conviennent mieux à la culture des céréales qu'à celle du Colza. Aussi aujourd'hui les trois quarts de nos fermiers s'approvisionnent-ils d'avoine à la halle, et cette halle elle-même n'est-elle plus alimentée que par les avoines du Bocage, et même celles du département de l'Orne.

12° Ce que nous disons de l'avoine peut se dire, *a fortiori*, de l'orge; c'est une culture à peu près abandonnée dans nos bonnes terres, et c'est sur lui, si on peut dire, qu'est retombé tout le fardeau du Colza.

Il en est de même des haricots rouges, du sarrasin, du chan-

vre, du lin, qu'on cultivait autrefois dans une grande proportion, et qu'on ne rencontre plus aujourd'hui que de loin en loin,
excepté pourtant dans les cantons limitrophes du Bocage, où
le sarrasin occupe encore une place à peu près égale à celle du
Colza.

C. *Sous le rapport des progrès agricoles et des améliorations
matérielles*. — 13° Les conséquences de la grande extension
donnée à la culture du Colza ont encore été, les terres manquant
à la culture, de provoquer le défrichement de vastes étendues
de landes et de bruyères;

Puis d'initier le cultivateur à la vie industrielle, de dévelop-
per en lui l'émulation, l'ambition de connaître afin de bien
faire, afin de produire mieux encore que ses voisins; ambition
noble, ambition utile, s'il en fut jamais, puisqu'elle peut se dé-
velopper et s'étendre sans être forcée de se faire un marche-
pied de la ruine de ses rivaux.

14° Enfin c'est de la culture du Colza que date la nouvelle ère
de prospérité dans laquelle est entrée l'agriculture de la plaine
de Caen; ère de prospérité qui s'est étendue à la fois sur l'ouvrier agricole, le propriétaire du sol et le fermier leur intermédiaire; et qui s'est traduite, chez l'ouvrier, par une satisfaction plus large donnée aux premiers besoins de la vie; chez le
fermier, par une amélioration considérable apportée au mobilier mort et vif de son exploitation; chez le propriétaire, par
des constructions agricoles mieux appropriées aux nécessités de
la culture moderne, et aussi plus en rapport avec les lois d'une
hygiène tutélaire.

*Influence de la culture du Colza sur l'avenir agricole de la
plaine*. — Maintenant que nous avons esquissé les principaux
progrès réalisés en agriculture par l'introduction du Colza dans
les assolements de la plaine de Caen, essayons d'indiquer quelle
sera dans l'avenir l'influence de cette culture.

Si nous jugions de l'avenir pas le passé, c'est-à-dire si nous
pouvions espérer de voir le rendement et le prix de cette précieuse graine suivre toujours une marche ascendante, on

pourrait fermer les livres et laisser suivre aux choses leur cours naturel ; car cet état nous ramènerait en quelques années à une espèce d'âge d'or agricole ; mais malheureusement l'expérience de ces dernières années est là pour nous rappeler que, même en agriculture, la vie est une lutte continuelle ; qu'il faut être sans cesse sur la brèche, et qu'en fait de progrès s'arrêter, c'est reculer.

Cependant, parce qu'il y a eu quelques localités où les récoltes ont été désastreuses ; parce qu'une maladie qui semble être un arrêt de développement, une espèce de gangrène végétale occasionnée par l'action destructive et désorganisatrice de vers qui pénètrent dans l'intérieur des tiges, ou se développent dans l'intérieur des siliques, parce que cette maladie, dis-je, est venue s'abattre comme un oiseau de proie sur la plante de Colza, est-ce une raison pour imiter ces pessimistes qui, comme on dit vulgairement, jettent le manche après la coignée, et déclarent d'un ton dogmatique que d'ici quelques années la Culture du Colza ne sera plus possible dans nos terres ?.... Non, assurément ; nous pensons, au contraire, qu'on cultivera toujours le Colza dans les bonnes terres du Calvados, et même dans les médiocres.

D'abord parce que leur composition chimique, leur profondeur, leur exposition, les rendent éminemment propres à la culture des plantes oléagineuses, ensuite parce que le grand nombre d'usines à Colza qui existent à Caen, en assurent toujours la vente à des conditions favorables.

Et puis s'il est bien démontré, et pour nous cela ne fait aucun doute, qu'à part les influences atmosphériques , la culture trop répétée de cette plante sur la même terre est une des causes prédisposantes les plus puissantes au développement de la maladie, le cultivateur, avant tout ami de ses intérêts, reviendra bientôt de lui-même à une pratique plus sage et éloignera peu à peu le retour du Colza sur ses terres.

Enfin le Colza sera toujours cultivé dans la plaine, parce que sa récolte se fait avant celle du blé, qu'il n'exige pas l'agrandissement des bâtiments de la ferme, qu'il offre toujours au

cultivateur un capital disponible pour parer à toutes les éven-
tualités, qu'il offre également, non-seulement aux malheu-
reux, mais au fermier de la plaine lui-même, une économie
de combustible d'autant mieux appréciée, que dans cette contrée le bois est rare et fort cher, parce qu'enfin il laisse un
compost à blé excellent et tel que nulle autre culture ne peut
en offrir, si on en excepte le sainfoin ; et c'est ce qui fait que
dans certaines terres légères, où le Colza vient habituellement
avec peine, le cultivateur nonobstant s'acharne à le cultiver,
car si la récolte de Colza ne lui donne que ses frais, il aura en
revanche, sans engrais, une belle récolte de blé. — En effet,
quand on parcourt les campagnes où dominent, soit les terres
mouillantes, argileuses, soit les terres légères, caillouteuses, on
est frappé de l'aspect qu'elles présentent aujourd'hui, si on
le compare à celui d'autrefois.

Là où, avant la culture du Colza, on ne voyait que des blés
nains, clair-semés, à paille mince, à épis courts ; là où on
n'apercevait que de chétifs fourrages, ou des jachères plus dé-
solantes encore, la vue se repose avec bonheur sur une riche
végétation. Ce sont des blés vigoureux dont la forte tige s'in-
cline sous le poids des épis, ce sont des champs de trèfle, de
sainfoins au feuillage d'un vert sombre, aux tiges épaisses, tassées, comme le velours d'immenses manteaux de verdure.... Et
il est des personnes qui osent dire qu'une culture qui a opéré
une telle transformation, qu'une culture qui, par la force des
choses, rend bonnes même les terres les plus médiocres, est
dangereuse, néfaste, et doit être proscrite !...

Soyons plus reconnaissants, plus justes envers le Colza, ne
jetons pas la pierre à une plante qui est à la fois l'ornement et
la richesse de nos campagnes, ne jetons pas le blâme sur une
culture que toutes les autres parties de la France nous envient,
et qui a sauvé l'agriculture de notre département, en y répan-
dant annuellement une manne de 40 à 50 millions de francs.

Seulement, tâchons d'émonder l'arbre afin de lui conserver
toute sa vigueur, tâchons de convaincre le cultivateur que, malgré un succès momentané, le retour successif ou même trop

rapide du Colza sur la même terre est une chose mauvaise, au triple point de vue du rendement, des maladies, et de la récolte de blé qui doit lui succéder; efforçons-nous de lui faire comprendre que la variété des cultures est une de ces grandes lois naturelles qu'on doit respecter; en un mot que dans l'ordre physique comme dans l'ordre moral, tout excès s'expie; et lorsque, semblable au balancier du pendule, la culture du Colza, après avoir oscillé dans les deux extrêmes, aura pris enfin dans les assolements la place que lui assigne une pratique sage et éclairée, espérons que l'agriculteur continuera d'en retirer tous les avanteges que la Providence y a attachés, sans avoir à redouter les fléaux qui ces années dernières sont venus jeter le trouble dans les esprits et la crainte dans tous les cœurs !

Maintenant voici notre tâche accomplie, et nous le regrettons presque, car cette étude a été pour nous pleine d'intérêt, de charme ; et quelle que soit l'estime qu'on en fasse, nous serons toujours reconnaissant envers la Société d'Agriculture de nous en avoir fourni le sujet.

Ayant sans cesse sous les yeux le grand livre de la nature, nous n'avons eu qu'à regarder, pour y puiser les observations que nous avons consignées dans ce mémoire. Puissent ces observations ne pas être trop indignes du savant aréopage à qui nous les adressons !

Qu'il nous soit permis, en terminant, d'ajouter un dernier mot sur une question toute palpitante d'actualité, *l'abandon du travail des champs pour les professions dites libérales.*

Quand nous voyons l'agriculture aidée, protégée, honorée par un gouvernement aussi soucieux du bien-être des peuples que jaloux de la grandeur de la France ;

Quand nous voyons les sommités morales et intellectuelles du pays tenir à honneur de faire partie de sociétés qui ont pour but le développement et la propagation des connaissances agricoles;

Quand nous voyons cette agriculture élevée pour ainsi dire

sur le pavois, et entourée des sciences physiques et chimiques qui viennent avec empressement lui offrir l'une, le secours de ses puissantes et infatigables machines, l'autre, les vives clartés de ses analyses ;

Comment nous défendre de cette espérance que bientôt aussi ce premier des arts sortira des langes de la routine ? Comment nous défendre de cette espérance que la profession d'agriculteur sera élevée au premier rang en considération dans l'esprit des populations, comme elle est déjà au premier rang par l'utilité et l'importance de son but ?

Et cependant que se passe-t-il encore chaque jour autour de nous ? Dès qu'un fermier, un petit propriétaire cultivateur se trouve dans une certaine aisance, dédaignant pour son fils une profession qui l'a mis, lui, au-dessus du besoin, il s'empresse, et cela avec une certaine ostentation, de l'envoyer à la ville faire des études afin d'entrer dans une profession dite libérale.

Pauvre père qui voulez, dites-vous, aplanir devant votre enfant les rudes aspérités de la vie, laissez donc cet enfant grandir à l'abri du toit paternel, sous l'œil tutelaire de sa mère ; pourquoi déplacer cette jeune plante et la transporter dans un milieu où, en général, elle ne se couvre des fleurs de l'intelligence qu'aux dépens de ses forces physiques ?

Enfin, après de bien lourds sacrifices, sacrifices qui ne se font pas toujours sans éveiller les jalouses récriminations de ses autres enfants, le père de famille voit arriver le jour où son fils entre dans une profession libérale. Alors tout est fini sans doute, e voilà cet enfant, objet de tant de soins et de sollicitude, arrivé au port d'une vie calme et heureuse. Détrompez-vous, bons parents ! pour ce jeune homme voilà la vie qui commence : et la vie dans les sphères élevées de la société est trop souvent une succession de désirs, d'inquiétudes, de froissements, d'espérances trompées, de craintes, de désenchantements.

Pour l'habitant des campagnes, la plus grande peine de la vie, c'est le travail obligatoire de chaque jour, et il semble ignorer que ce travail forcé est le plus grand élément de bonheur sur la terre, et que l'homme inoccupé qui flotte sans cesse au gré de l'inconstance de ses désirs, sans jamais rencontrer ce contentement intérieur qui naît du devoir accompli, n'est pas véritablement heureux ; et il semble ignorer que les sueurs de l'esprit des professions libérales sont encore plus pénibles que celles du corps, car plus l'homme a développé ses facultés sensitives, et plus aussi il offre de surface aux atteintes de la douleur morale.

Mon Dieu, je sais bien que la vie du cultivateur n'est pas non plus exempte de durs labeurs, de soins, de soucis de toute nature. Le cultivatenr a comme le marin ses mauvais jours, ses jours de tempête et même de naufrage ; ainsi parfois au milieu de la belle saison, alors que toutes ses récoltes, espoir de l'année entière, sont encore étendues dans les champs, il ne peut se défendre d'un vif sentiment d'angoisse en voyant après une journée brûlante, le soleil s'ensevelir dans une montagne de nuages sombres !... Ainsi il ne peut se défendre d'un profond sentiment de tristesse, quand une épizootie, s'abattant tout à coup sur ses étables ou dans ses écuries, lui enlève coup sur coup ses meilleurs élèves, objet de tant de peines, de tant de soins, et de tant d'espérances !...

Mais au moins dans ces grandes catastrophes, le cultivateur n'a qu'à lutter momentanément avec les éléments ou la maladie ; il n'a pas à redouter sans cesse l'inconstance des choses humaines, les jalousies ardentes, les rivalités haineuses, qui empoisonnent les professions libérales ; son sort, s'il est mauvais, est le sort commun ; et, puis il faut le reconnaître, la nature est meilleure que l'homme, et quand elle fait le mal, elle se montre très-empressée et très-ingénieuse à le réparer ; ainsi lorsqu'un orage a couché sur terre les profonds carrés de blé, son soleil ne vient-il pas quelques heures après, comme ces chirurgiens du champ de bataille, relever les blessés et panser leurs blessures ? et quand le mal est irrémédiable, c'est-à-dire quand l'année est déclarée mauvaise, la récolte suivante ne vient-elle pas souvent dédommager le fermier de sa perte première ?

Maintenant si de la vie morale nous descendons à la vie physique, quels avantages, quelle supériorité ne rencontrerons-nous pas encore du côté de la vie des champs ?

Et d'abord, quelle variété, quel luxe inépuisable dans les dons de la nature ! Par combien de tableaux tantôt doux et rêveurs, tantôt sombres et menaçants, tantôt éblouissants de splendeurs, ne récompense-t-elle pas celui qui est continuellement en face de ses œuvres ? Oui, pour celui qui sait la comprendre, la profession de cultivateur est la plus attachante, la plus élevée, la plus indépendante, et la plus noble des professions ; oui, pour le cultivateur instruit, la nature est un livre rempli de faits et de poésie, dont le temps tourne les différents feuillets, sans que jamais l'intérêt du sujet se ralentisse, car ce sujet n'est rien moins que la nourriture et par conséquent la vie du genre humain ; car ce sujet se place, si on ose dire, à côté de la divine Providence. Et que de millions de voix lui demandent aussi chaque jour leur pain quotidien !

Quels sentiments de dignité et de puissance personnelles n'éprouve pas le chef d'une exploitation, lorsque dès l'aube il disribue ses ordres à ses nombreux serviteurs, et que, comme un général d'armée qui, après mûre réflexion, dispose ses différents corps, il dit aux uns : Vous, allez travailler dans cette pièce de terre ; aux autres : Vous, exécutez tel travail dans cette autre.

Quels sentiments de déférence et de respect n'inspire-t-il pas aux autres, lorsque ayant combiné ses assolements, il parcourt ses champs, et que nouveau Moïse il dit : « Ici sortira de terre une pièce de blé ; là, un carré de sainfoin ; plus loin une vaste nappe de Colzas ! »

Enfin, quelle satisfaction d'amour-propre, je dirai plus, quel légitime sentiment d'orgueil ne fait pas battre son cœur, lorsque, le temps de la moisson venu, il peut contempler avec amour la réalisation de ses rêves !

Dieu a donné à l'homme une certaine force musculaire ; ne pas l'exercer, c'est aller contre les vœux de la nature, et elle nous en punit tôt ou tard par une foule d'infirmités ; travailler au contraire, surtout aux travaux des champs, au milieu d'une atmosphère pure, d'un air riche d'oxygène, sous l'action d'un soleil vivifiant, c'est activer toutes les fonctions de notre organisme, c'est rétablir dans toutes les parties de notre corps l'équilibre de température, c'est faire circuler en nous un certain bien-être, bien-être qui n'est pas sans charmes lorsque nous livrons au repos nos membres fatigués ! En un mot, travailler dans la mesure de ses forces, et en réparant par une nourriture suffisante les dépenses de fluide nerveux que ce travail occasionne, c'est fortifier son organisation, c'est conserver sa santé et prolonger son existence !

Que le fils du cultivateur, après avoir reçu une instruction solide, mais appropriée à ses destinées futures, reste donc dans la profession de ses pères; qu'il y apporte avec l'expérience traditionnelle les données de la science agricole moderne ! Ici, il n'a pas à craindre de voir la carrière encombrée, car la terre, comme une bonne mère, appelle tous ses enfants sur ses mamelles inépuisables, et ne dit jamais : « C'est assez !... »

(Extrait du *Bulletin de la Société d'Agriculture et de Commerce de Caen.*)

Caen. — Imprimerie de E. Poisson.